THE BUSINESS
MODEL BOOK

Design, build and adapt business
ideas that thrive

你的最強營運
思考工具

商業模式
設計書

亞當. J. 柏克 **Adam J. Bock**

著——傑拉德. 喬治 **Gerard George**

譯——王婉卉

各界讚譽

要打造傑出事業，就需要強大的商業模式。本書提供了可以讓這一切成真的所有工具。精明、創新、簡單，是創業家必讀的指南手冊！

—— 陳一丹，騰訊控股公司共同創辦人

這本內容豐富的手冊，囊括了所有你需要知道的關於商業模式的一切，而且不只如此！任何正考慮要創業或讓企業快速成長的人，書中的架構、練習和範例都能幫你建立必備技巧。買下本書，好好閱讀。最重要的是，善加利用！

—— 約翰‧穆林斯（John Mullins），倫敦商學院副教授
著有《顧客資助商業模式》（*The Customer-Funded Business*）
與《新商業實測》（*The New Business Road Test*）

本書會讓你開始思考，你的事業所實現的價值是什麼、你又是如何實現的。本書很可能會成為屬於你的各種商業模式剪貼簿。這是一個讓你的點子如泉湧般不斷冒出的絕佳資源！

—— 夏恩‧科爾斯多芬（Shane Corstorphine）
天巡網（Skyscanner）美洲地區總經理、全球地區區域成長主管

亞當

本書獻給我的太太琳恩・海蘭德（Lynn Hyland），她總是爲我心中還藏有另一本書而感到擔憂。三本書、兩個孩子、一隻貓：我認爲家族成員已經夠多了。琳恩的愛與支持，讓這一切變得全然不同。

當一個女人是件吃力不討好的工作，因爲工作內容大多要與男人打交道。

——約瑟夫・康拉德（Joseph Conrad），《機緣》（*Chance*）

傑瑞

獻給我的太太海瑪（Hema）、我的女兒薇薇安（Vivian）和梅根（Maegan）。

亞當與傑瑞

本書也獻給所有書中的創業家，他們都從公私生活的寶貴時間中，抽空分享了自己的故事。我們時常想起全球各地創業家的大膽之舉與堅持不懈的精神，尤其是那些結合了靈感、努力和利他行爲，讓世界變得更美好的人。

商業讓我備受推崇的地方，是其冒險精神與勇氣可嘉之處。它不會雙手緊握，向上天祈禱。我看到這些人每天帶著或多或少的大膽與滿足心態，為自己的事業奔波，所完成之事甚至比他們料想的還要多，或許還經營得比原先預想得更好。

——亨利·大衛·梭羅（Henry David Thoreau），

《湖濱散記》（*Walden*）

致謝

本書之所以能付梓，要歸功於多方人員與機構的協助。我們很感謝培生（Pearson）出版社的團隊。史提夫‧坦布雷特（Steve Temblett）讓我們的寫作計畫得以開始，艾洛伊絲‧庫克（Eloise Cook）則確保本書能完工。

亞當

威斯康辛州的安‧麥爾（Anne Miner）教授提供我在生活與學習上的寶貴智慧。尼克‧奧利佛（Nick Oliver）教授在愛丁堡雇用我，並給予我支持。艾咪‧蓋儂（Amy Gannon）與馬克‧巴納德（Mark Barnard）教授則對我到埃基伍德學院（Edgewood College）任教表示歡迎。

上百名創業家曾與我分享了他們的故事，如果我一一點名的話，恐怕會停不下來。組織相關學者能找到樂意提供協助的研究對象，都相當幸運。我要謝謝多年來給予指導與友誼的商業界人士，包括了湯姆‧泰瑞（Tom Terry）、保羅‧瑞克維爾德（Paul Reckwerdt）、荷西‧艾斯塔比爾（José Estabil）、賴瑞‧蘭德維柏（Larry Landweber）、喬‧布雪（Joe Boucher）、查爾斯‧奈德（Charles Neider）、菲爾‧布雷克（Phil Blake）等數不清的人。

我之所以能成為小有成就的學者和企業家，有很大一部分要歸功於這些人和其他同僚、朋友與家人。

傑瑞

　　學術生涯是一場旅程，我很幸運在旅程中的每一步都能獲得所需的支持，抵達下一個里程碑。不論是在新加坡、倫敦、威斯康辛州的麥迪遜、紐約的雪城、維吉尼亞州的里奇蒙或是印度的清奈，我都受惠於來自同事、學生、合著者、商業合作夥伴、朋友和家人的慷慨協助。我對此深深感激，也在此表示感謝。謝謝你們！

　　我也想感謝新加坡的李氏基金會（The Lee Foundation），在我擔任教授並任職於新加坡管理大學（Singapore Management University）李光前商學院（Lee Kong Chian School of Business）時，給予慷慨的支持。

關於作者

亞當‧J‧柏克（Adam J. Bock）

創業家、高階主管、學者、金融家。

亞當是四家生命科學公司的共同創辦人，這些公司皆衍生自大學研究。涅里特斯企業（Nerites Corporation）由坎斯蘭許企業（Kensey-Nash，後由皇家帝斯曼集團收購〔Royal DSM〕）於2011年以兩千萬美元收購。組織層科技企業（Stratatech Corporation）於2016年由萬靈科公司（Mallinckrodt）以一億八千七百萬美元收購。虛擬切口企業（Virtual Incision Corporation）目前正積極要讓微型手術機器人商業化。亞當近期最新的事業是細胞物流公司（Cellular Logistics），源自2016年在威斯康辛大學（University of Wisconsin）的研究。亞當經營多個天使投資網絡，已促使逾一千萬美元的種子投資，為數家處於早期階段的科技公司注入了資金。他也擔任全球各地科技與社會創業家的導師。

身為學者，亞當研究科技創業、商業模式、技術轉移及永續創業。他和傑瑞共同著有《打造創業家》（*Inventing Entrepreneurs*，中文書名暫譯，由Pearson Prentice Hall於2009年出版），以及《商機的模式》（*Models of Opportunity*，中文書名暫譯，由劍橋大學出版社於2012年出版），並在《創業理論與實務》（*Entrepreneurship Theory and Practice*）、《管理研究期刊》（*Journal of Management Studies*）、《創業投資：財務國際期刊》（*Venture Capital: An International Journal of Finance*）、《歐洲商業評論》（*The European*

Business Review）與其他期刊上發表過論文。

　　亞當曾在威斯康辛大學麥迪遜分校、愛丁堡大學、倫敦帝國學院（Imperial College London）、斯科爾科沃科學與科技研究所（Skolkovo Institute for Science and Technology）、埃基伍德學院教授創業課程。他擁有史丹佛大學的經濟與航空工程學士學位、威斯康辛大學麥迪遜分校的MBA學位、倫敦帝國學院的創新與創業博士學位。他是英國高等教育學院（Higher Education Academy）的院士，也是愛丁堡皇家學會（Royal Society of Edinburgh）青年學會（Young Academy）的會員。

　　亞當與妻子琳恩·海蘭德、兩人的孩子塔朗·李和肯娜·蘿絲，一同住在美國威斯康辛州的麥迪遜。亞當白天真正的工作，是要奉他們家貓主子鳳凰（Phoenix）之命，阻撓兩個小孩想統治世界的計畫。肯娜新創公司Exvarderus™的商業模式，顯然只是掩飾這項邪惡計畫的幌子而已。

傑拉德（傑瑞）·喬治（Gerard (Gerry) George）

　　新加坡管理大學李光前商學院的院長，以及李光前創新與創業講座教授。傑瑞受聘於新加坡管理大學前，曾擔任倫敦帝國學院的商學院副院長和甘地中心（Gandhi Centre）主任，以及倫敦證券交易所精英計畫（ELITE Programme）的學術主管，此計畫支持野心勃勃的私人公司度過下一個成長階段。他任職於帝國學院之前，擁有倫敦商學院和威斯康辛大學麥迪遜分校的終身職。

　　傑瑞是獲獎無數的研究學者與老師，在頂尖學術期刊中發表過上百篇論文。2013至2016年期間，他擔任《美國管理學會學報》（*Academy of Management Journal*）的編輯，此學報為管理領域實證

研究期刊中的翹楚。他榮獲英國經濟與社會研究委員會（Economic and Social Research Council）備受尊崇的教授級研究員（Professorial Fellowship）資格，因而可致力於研究資源受限的創新或包容創新（inclusive innovation）。他的研究重心放在商業模式、組織設計，以及後者對創新和創業的影響。傑瑞和亞當共同撰寫的書《商機的模式》介紹一種敘事方法，讓創業家可以構思並改變商業模式，使不太可能成真的點子化為實際可行的成長商機，而《打造創業家》則探討創新與科技商業化的人性面。

傑瑞為國際商管學院促進協會（Association to Advance Collegiate Schools of Business）董事會一員。該協會是全球最大的商管教育網絡，為學生、學術界及商業界建立起連結，藉此提高全球各地商管教育的水準。國際商管學院促進協會創立於1916年，如今，此全球化協會在九十個以上的國家和地區中，擁有逾一千五百名會員組織，總部分別位於北美、泛太平洋、歐洲各地。

傑瑞也是新德里附近BML穆賈爾大學（BML Munjal University）的董事會成員，並擔任該校國際事務處處長的榮譽職位。在這之前，他任職於位在英國的印度基礎建設金融有限公司（India Infrastructure Finance Company, IIFC），擔任非常務董事以及風險管理委員會主席，該公司為印度國營企業的英國子公司。印度基礎建設金融有限公司的英國子公司，為大型印度基礎建設計畫的資本設備，提供以美元計價的金援，這些計畫包括發電、城市大眾運輸、港口等多項相關建設。傑瑞因其在推動教育和研究方面的貢獻，榮獲英國倫敦城市專業學會（City & Guilds of London Institute）會士。

目次

Part 1
商業模式入門知識　

Chapter 1
實際的商業模式　

Chapter 2
商業模式簡史

用視覺化方式設計創業夢想

——保羅·J·瑞克維爾德（Paul J. Reckwerdt）
美國螺旋刀公司創辦執行長，威斯康辛州麥迪遜

讀著這本書的時候，我回想起自己的創業生涯。在創辦並經營五家公司的三十年間，我一次也沒有思考過商業模式。

我的第二家公司——螺旋刀公司（TomoTherapy）大概不怎麼需要商業模式分析。一切都是受到我們想治癒以往無法治療的癌症的熱忱所驅使。或許當時我們夠聰明，或是我們夠幸運。無論如何，螺旋刀公司拯救了上千條性命，也為創辦人和員工賺了不少錢。

不過，隨著我一一閱讀本書的例子，跟著完成學習單時，我發現自己當初可以善加運用書中的知識，將之用於自己的創投、創辦的事業、我給予指點的創業家。

任何經營公司的人，不論事業是否成功，都清楚知道顧客、供應商、員工、資源、資金與夢想之間的必要關聯性。本書提供了一個架構，讓你能以視覺化方式設計並評估這個夢想，也會讓你看到需要填補的空白處有多大！

一步步跟著動手做時，你只要完全坦白就行了。別自欺欺人，我的朋友。

我同意商業模式有上百萬種，但大部分都落在爲數不多的幾個類型當中。如果你試著要打入成熟產業，那麼摸清楚競爭對手的商業模式就是必要之舉了。你在花上大把金錢與時間之前，可以先評估自己是否眞的握有關鍵的過人之處，得以進入市場，用力把其他人踩在腳下。

螺旋刀公司所進攻的對象，是根深柢固且有些僵化的產業。我憑著直覺評估其主流商業模式，看到了巨大的漏洞。數年來，甚至是數十年以來，這個主流商業模式運作自如。它是如此成功，以至於核心參與者抱持著漫不經心的輕蔑態度，而不滿意且灰心喪氣的顧客則想要有其他的選擇。於是，我們推出了具有不同願景的新科技。這讓我們有了新的商業模式，以及絕佳的商機。

但假如我在當初有了這本書的話，我就會採用更好的商業模式來創辦我的其他事業了。這麼做，起碼讓我可以免於一、兩次栽跟頭和瀕臨失敗的情況。

不過，有件事要謹記在心，那就是出色的商業模式可能在一瞬間就翻轉成糟糕的商業模式。快速成長的公司會經歷劇烈變化，而你所建立起來的關係也會每天有不同的發展。顧客、市場、競爭同業和產業都會有所變動，有時還會發生在短時間內。我非常喜歡亞當和傑瑞的建議，要將商業模式分析當成一個週期來看，你必須時常回頭檢查資料、假設和敘事，看看是否都還站得住腳。如果不這麼做，那你終究只

是在自欺欺人罷了。

　　別害怕改變，這是讓事業維持不墜的關鍵所在。好好從頭到尾完成商業模式的週期和分析，看看有沒有漏掉什麼。畢竟，你會想要趁還能改變的現在，先把事情搞清楚，而不是等到為時已晚了，才開始行動。

　　本書也許讀起來簡單易懂，不過其中的架構、分析和學習單可是藏有大量的寶貴知識。它除了提供你用結構式方法，來為你的夢想進行設計，其中的實例和意見對創業家來說也是無價之寶。亞當和傑瑞也許擁有學者的身分，但他們同時也身兼創業家，他們的知識都是來自嚴謹的研究和親身的實務經驗。

　　成功的創業家都從反覆嘗試和痛澈心扉的錯誤中學到許多事。好好利用這些教訓：趁著這個難得的機會，從我們的錯誤中學習。保管好你的商業模式和這本書，留作未來參考之用。相信我，總有一天，在某個地方，一定會派上用場。

本書內容概要

　　我們盡力把本書內容寫得清楚又簡潔；這需要一定程度的妥協。想要徹底解釋清楚學術研究、新奇科技、新商業模式，通常無法只用幾個段落的篇幅，同時還不會出現過度簡化的問題。作者都假設有興趣的讀者會在閒暇時間，繼續深入了解特定的主題。

　　我們為了避免「學術文章式」的風格，同時為了保持內容流暢，沒有在內文中使用任何引用或參考文獻。我們為本書打造了一個網站（www.bizmodelbook.com），裡面包含了各式各樣的有用資源。我們很鼓勵每位讀者利用學習單（Worksheet），這些學習單提供你「實際動手」的機會，而不是只有「吸收知識」。該網站也提供各種連結，可以開啟網路上的文章和參考資料，而一長串的「離題一下」（Excursion）單元則是提供給好奇的讀者，如果想要更深入了解某些主題，甚至是我們認為很有意思卻無法納入本文的間接討論，就看一下這些單元吧。

　　網站中也包含了為數不多的參考書目，列出以學術和實務為主的書籍、論文和相關資源。一個很簡單的事實就是，可以輕鬆使用的谷歌（Google）學術搜尋和其他搜尋系統，讓上述的參考書目變得有點多餘，但我們之所以納入這個書目，有兩個原因。首先，我們想讚揚一些公開發表的著作，這些學術研究對我們的思維影響最深。第二，我們想為那些

對商業模式與相關主題的學術和實務文獻較不熟悉的讀者，提供適當的學習出發點。對一般經理人和創業家來說，嚴謹的組織研究往往難以閱讀，我們對此既憂心，卻又感到不可思議。或許這也是一個商業模式創新的機會。

如需語言性別和「創業家」（entrepreneur）一詞語意解釋的相關資訊，請參考本書網站「離題一下」單元裡的「創業語言」（A note on gender and language）。如果需要我們如何挑選案例與實例的相關資訊，請參考「離題一下」單元裡的「案例與實例」（Cases and Examples）。

如何使用本書

　　你可能純粹只是把本書當成提供資訊或甚至娛樂的來源，因此只會單純從頭讀到尾而已。然而，本書是爲創業家、經理人和高階主管設計的學習手冊。

　　每一章都提供了具體的實例和活動，旨在將商業模式思維套用到特定的情境中。你從這些實例和一般說明中將會獲益良多。如果你想在自己的組織中做出改變，就應該仔細思考這個事業所處的階段，並至少完成適用於這個階段的活動。

　　完成所有的活動，會讓你擁有最深刻的見解，即便是看起來與你的事業最無關的活動也是如此。公司企業會隨時間而改變，商業模式亦是如此。比方說，拿新創公司來試試成長階段適用的商業模式活動，可能看起來是本末倒置的行爲，不過，你可能就此預先看出長期商業模式中的關鍵要素。又或者，如果你未來有機會可以快速擴展事業規模，就能回顧這個活動，並思考當初的假設。這些假設如今是否還站得住腳？

本書隨附此網站：**www.bizmodelbook.com**
你將在這個網站中找到：
- WORKSHEETS（學習單）：可供下載並自行運用。
- RESOURCES（相關資源）：列出本書中提到的實例和資源。
- EXCURSIONS（離題一下）：涵蓋你可能感興趣的相關主題。

● 延伸閱讀：包含書籍、大眾媒體、學術出版品。

　　試試看。畢竟你閱讀本書是想學點什麼，而關於創業（與生活），最好的學習方式大概就是親身實踐了。

商業模式是企業價值主張的核心

　　在充滿行話的世界裡，「商業模式」也許是其中最為人所知的一個了。

　　圖0.1顯示，過去十年以來，提及「商業模式」的次數已經逐漸遙遙領先其他的關鍵管理概念了。即便一些其他的關鍵管理工具和理念已不再流行，商業模式卻愈來愈受到從業

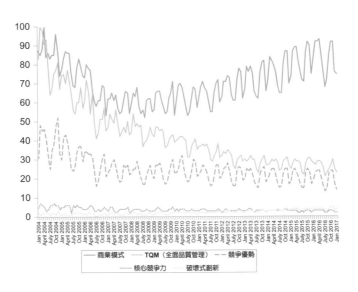

圖 0.1：2004~2017 年商業模式與其他術語的谷歌相對搜尋量

資料來源：谷歌搜尋趨勢（www.google.com/trends）

人員和研究人員的廣泛使用和關注。看來，商業模式似乎會一直存在下去。

商業模式是個有點古怪的東西。

優異的商業模式一眼就能看出來，至少在事後看起來確實是如此。

要用一個以廣告為基礎的免費網站來搜尋整個網路？谷歌公司擁有優異的商業模式，不過，谷歌公司累積了大到難以想像的資料集，為數十種在相關與不相關領域的其他商業模式提供燃料。

糟糕的商業模式通常也一眼就看得出來。想把笨重又體積龐大的寵物食品直接運送給顧客嗎？對 Pets.com 來說，相對低利潤產品的高額運送成本，帶來了損失慘重的結果。但二十年後，你在亞馬遜網站上卻能以免運費的方式購買寵物食品。顯然，採用的時機不同會有相異的結果。也許整個商業模式的概念比表面上看起來的更複雜。

商業模式的重點如下：

優異商業模式的重點

- 沒有萬能妙招可以讓商業模式的設計或實行，在所有情況下都一定會成功。

- 設計優異的商業模式需要了解關鍵組織要素（資源、交易、價值、敘事），並了解這些要素如何針

對特定的組織或商機相輔相成。

- 不同的商業模式工具，最好用於組織發展的不同階段。

- 商業模式創新是具有高風險、高報酬的過程，需要在注重職能和尋求創意機會的兩者之間求取平衡。

商業模式是公司企業價值主張（value proposition）的核心。

本書將讓你看到如何創造、測試、調整及翻新商業模式。優異的商業模式會促使組織快速成長；糟糕的商業模式則可能會讓最具前途的創投公司注定失敗。

也許你曾讀過商業模式的相關資訊，或曾在公司內部談論商業模式變革的話題。你曾想過要好好研究一番，卻懷疑自己並不了解你所處組織的商業模式。也許你曾閃避這個話題，只因爲相關書籍和專家顧問似乎全都在各說各話。但本書不一樣：針對你該如何思考自己組織所用的商業模式，本書提供了所有需要的基本資訊、清楚簡潔的實例、直截了當的建議。

我們結合了最新的研究成果、簡單易懂的工具、時下的例子，爲這個複雜棘手的主題注入了活力。源自我們的研究和經驗的簡單易懂實例，會強調關鍵的學習要點。本書運用

以生命週期為基礎的新方法，讓商業模式和你公司的發展階段變得息息相關。你的公司會隨時間而改變，你的商業模式也應如此。

不論你認為自己對商業模式有多了解，都無關緊要。不論你是經驗豐富的高階主管、中階的經理人、小型企業的業主、創業家（或自稱是創業家），或只是對商業和管理有興趣的一般人，都無關緊要。大眾和學術媒體間充斥著誇大又未經證實的主張，聲稱什麼是商業模式、該如何打造、這些商業模式又如何決定組織是否能成功和成長。

把這些都放到一邊，該來澄清事實了。

該來設計、打造及調整將會成長茁壯的商業點子了。

Part 1
商業模式入門知識

這部分將探討商業模式如何成為主宰商管領域的熱門與學術話題，尤其是創業這一塊。我們會仔細研究商業模式究竟是什麼，以及它不是什麼。最後將會探討我們對商業模式確實了解的部分，以及你要如何利用這些資訊，以建立可持續運作的組織，並使其成長。上述的概要內容，將為一種更豐富、更務實的方法奠定基礎，讓你可以藉由這種方法，為實際的組織設計、打造及調整商業模式。

Chapter

1

實際的商業模式

我沒有商業模式。

——薩爾·可汗（Sal Khan）

可汗學院（Khan Academy）創辦人

該學院爲全球各地的學生提供無數種免費教育課程

　　1990 年代晚期的網際網路泡沫出現以前，從來沒有人需要解釋自己的商業模式，才能經營成功的組織。但現今，學者、經理人和顧問都聲稱，商業模式是事關組織存續、規模和獲利能力的聖杯。

　　無庸置疑，「商業模式」會是經理人工具箱中一項重要又有效的工具。組織領導者應該要清楚知道商業模式的基本要素，以及這些要素如何彼此相輔相成。無論組織身處的產業、領域、地理區域，或本身的規模大小爲何，商業模式都能爲每個組織提供寶貴的洞見。商業模式對營利和非營利組織來說，都具有切身關係。商業模式也可以套用到學術機構

和政府上。只要有組織，就會有商業模式。

商業模式為何得以成功

沒有人知道。

最簡單赤裸的真相就是，商業模式的科學沒有提供真正的解釋，能夠說明有些商業模式得以成功、有些則會失敗的過程與原因。我們沒有可靠的研究證據，指出創業家該如何創造新的商業模式，也沒有萬無一失的辦法，可以光靠理論就能評估商業模式。絕大多數的嚴謹商業模式研究，都以商業模式的定義為根據，但這些定義卻和經理人所認為的商業模式相當不同，即便是可靠的科學研究結果，對創業家來說可能也毫不相干。

商業模式與其他多數商業管理概念不同。比方說，企業策略會描述你的公司要如何與其他公司競爭。就像多數的商業管理概念一樣，你可以拿自己的策略與其他組織的策略進行基準化比較：如果你能用更低的成本生產同樣的產品，也許就能勝過其他組織了。那麼，這就是一個好的策略；有效執行這個策略，就會帶來利潤和成長。

好的商業模式也許比不上既有企業的運作方式，甚至有可能不存在於既有的產業或市場當中！

新商業模式的例子：價格線上（Priceline）

價格線上是什麼？這家公司目前已經大幅擴展了服務範圍，不過，我們來看一下這個組織最初的商業模式（1998年的線上服務）會有助於理解。對最終消費者來說，價格線上看起來像一家旅遊公司，但提供的卻不是實際的旅遊服務；對旅遊業來說，這家公司看起來像行銷通路，但彼此卻沒有建立起正式的合作關係，因為價格線上主動隱藏了旅遊業者的名稱。這套商業模式很出色，價格線上透過網路，創造出即時盲拍的機會，利用了額外的旅遊業產能，像是閒置的飯店房間和航班座位。嚴格說起來，價格線上是一家線上拍賣商；而在當時，「無品牌」的旅遊可說是毫無市場可言。

商業模式的挑戰表面上看似簡單。優異的商業模式之所以能成功，是因為各種要素彼此協調一致，讓價值創造的流程得以進行。但就連這種彼此協調一致的關係，也未必一眼就能看出來。看看航線遍布全球的廉價航空業者先驅，也就是美國西南航空公司（Southwest Airlines）就知道了。

在西南航空的商業模式中，幾乎每個要素都是為了將成本壓到最低才打造出來的。該公司為了讓維修保養可以達到最佳化，使用的飛機機型只有一種；為了將機場費降到最

低，選擇從規模較小的地區機場起飛。西南航空讓訂價保持簡單，才能將推銷成本壓到最少。

　　不過，該公司支付的薪資比一般平均更高，也比其他航空公司花更多錢在培訓和獎勵方案上。為什麼呢？因為在航空業中，小小的員工疏失就會造成高額損失。延後起飛的話，可能會影響多條航線；如果乘客或行李錯過了轉機，航空公司就得負擔代價高昂的客戶服務。假設公司的利潤率是10%，為了要解決成本為一百美元的客服問題，則需要一千美元的額外收益，才能彌補這樣的損失。

　　西南航空的廉價商業模式，需要相對高成本的人力資源要素。這個商業模式非常有效：整整二十年間，西南航空一直都比美國航空業的其他同行賺得更多。甚至有幾年，該公司賺得比整個航空業加起來還要多。

　　不過，西南航空不是唯一採用廉價商業模式的航空公司。瑞安航空（Ryanair）在歐洲大獲成功，但投資在人力資源方面的成本卻降低了不少。該公司採用了極為不同的訂價結構，確保每班飛機都客滿，而這也正是航空公司唯一且最重要的營運原則。

　　西南航空通常都被視為一家工作環境良好的公司，擁有良好的客服；瑞安航空則經常因糟糕的服務而被點名，也因客服的問題，不斷遭到各個政府機構罰款。不論是哪一種「廉價航空」，都有賺頭，也都能持續成長。換個說法就是，商業模式相當複雜。

要利用商業模式分析，來思考組織是如何為了創造價值而設計的。

不要被大型組織商業模式看似簡單易懂的高階描述所矇騙。組織規模愈大、產品服務組合愈複雜，這個組織就愈有可能是同時採用了多個商業模式。表面上看起來都是使用相同「商業模式」的大型公司，檯面下實際在運作的要素可能天差地遠。

創造與獲取價值

再繼續深入探討之前，我們必須先針對商業模式究竟是什麼取得共識。第二章會討論到商業模式的歷史和研究，但我們需要一個暫定的定義，才能讓目前的討論成立。

商業模式的相關探討和描述，向來幾乎都是以兩個關鍵的組織概念為前提。第一個是價值創造（value creation），商業模式與組織如何（以及為何）創造價值有關。第二個概念是設計（design），商業模式與組織如何運作有關，具體來說就是掌管著行為與活動的組織結構和關係。

換句話說，商業模式是拿來利用機會並創造價值的組織設計。

每個組織之所以存在，都是爲了一個目標：創造出比單獨一個人可以創造的更多價值。這個價值可以是利潤、教育、經濟成長、社會正義、娛樂，或任何其他可能的結果。而組織則利用各種形式的資本（人力、財務、實體等），創造並獲取這個價值。

薩爾·可汗起初是想利用遠距教學的方式，教姪子數學。他錄下相當陽春的影片，說明數學概念，再加上旁白。然後，他藉由網路的幫助，讓姪子能看到這些影片，也讓其他人都可以看到。可汗學院將這樣的價值創造放大到全球數百萬人的規模。

學習單 1.1

了解價值

不論你對商業模式的了解，究竟是屬於菜鳥還是老鳥等級，都必須想辦法解決價值創造和獲取的現實層面問題。請到本書網站的「學習單」（worksheet）項目，打開或下載「學習單 1.1：了解價值」（Worksheet 1.1: Getting a grip on value）。完成這份學習單的時間應該花不到五分鐘，但你在閱讀本書的期間，將會不斷回頭檢視其中的內容。你要做的只是簡單清楚地解釋，你的組織是如何創造和獲取價值。學習單也提供了其他實例，讓你在好好評估自己的組織之前，可以先小試身手。

單就營利公司來看，其創造的價值必須以大家都熟悉的形式來獲取，也就是金錢。嚴格來說，每個好的商業模式都會獲取價值。例如，有效運作的非政府組織會帶來改變，通常是為了要達成某個社會使命或議程。非政府組織也許會利用成果的資料來募款或招募人員，但在多數情況下，成果本身並不會對組織的運作方式帶來刺激。對於營利公司來說，商業模式應該要明確將價值創造和價值獲取連結在一起，這是因為組織在財務方面的產出也是一種投入。利潤將為公司的發展和成長提供資金，同時給予企業主獎勵。

商業模式衝擊：可汗學院

可汗學院已經成為二十一世紀最具影響力也最具爭議性的教育創新產物。教師與學者都不認為，在少了課程安排或是以成績評分的情況下，自主的遠距學習會有效率。然而，網站使用的原始數據卻讓人很難視而不見。

2015年，可汗學院的網站每個月有逾一千五百萬名不重複訪客造訪。網站提供逾十萬種不同的影片和課程，涵蓋的主題從基本的加法到量子力學、藝術史都有。這些課程原本都是以英語授課，現在也有其他數十種語言可供選擇。每個課程和每堂課都是免費的。也許薩爾·可汗當初確實沒有商業模式，

不過，可汗學院卻將一個人對教育的願景，轉變成全球規模等級的現象。

在真實世界中進行測試

殘酷的現實是，商業模式沒有萬無一失的測試方法，唯有在真實世界中實際試試看，才知道可不可行。

好消息是，許多商業模式都可以進行前導測試。本書後半部就會介紹如何將商業模式設計轉換為真實世界中的測試。除非價值創造或獲取本身就具備非常大的規模經濟（economy of scale）或網路效應（network effect），否則一般來說，小規模的測試就能有效找出商業模式的瓶頸和無效率之處。

壞消息則是，商業模式可以複製。商業模式無法以專利、商標或著作權的名義受到保護。商業模式生來就無法像商業機密一樣隱藏起來。一個組織的商業模式，基本上就是其創造價值的方法。顧客、供應商、合作夥伴，甚至是競爭對手，都能取得商業模式的部分或所有細節。不過，在真實世界中，對某個機會或組織來說很棒的商業模式，可能套用到其他的機會或組織上就會失敗。

Uber的共乘商業模式現今受到全球各地的公司所採用，像是Grab（新加坡）、Hailo（倫敦）、Lyft（美國）、Ola（印

度）、滴滴出行（中國）。但它們並非全都照搬，也不是同樣成功。就連在別處都可行的Uber商業模式，在中國卻不是特別成功，因此得撤出該國的市場。

商業模式危害：再現FoodUSA.com

來看看FoodUSA.com的例子。就像價格線上和其他許多以網路提供服務的公司一樣，FoodUSA也試圖利用網路，讓某個市場除去中間的盤商；而這家公司的目標就是肉品的市場。屠宰場和加工廠可以在FoodUSA的電子市集上，匿名張貼可以提供的產品資訊，買家則能競標自身所需的產品。高度整合的食品業都把屠宰場的利潤壓得相當低，FoodUSA則是打算將權力轉移到屠宰場和農民的手中，同時還能從每次販售中抽取佣金。

我們永遠無法知道這個商業模式究竟有沒有具備長期的存續能力了。因為FoodUSA雖然募集到了幾百萬美元的創投資金，也促成了逾三千五百萬美元的成交量，卻在不到三年內就關門大吉。

為什麼呢？原因出在公司的商業模式被複製了，複製者就是從屠宰場購買肉品的食品業公司財團。商務創投公司（Commerce Ventures, LLC）是為了與

FoodUSA競爭而專門設立的公司。商務創投公司有55%屬於泰森食品（Tyson Foods），27%是嘉吉公司（Cargill），它們是全球最大的食品公司，其餘則屬於其他三家肉品生產與加工的公司。

雖然商務創投公司從未採用大規模的營運方式，但屠宰場都不再利用FoodUSA張貼產品資訊。在現金流停止，創投資金也見底後，FoodUSA便消失了。商務創投公司在競爭力上並沒有勝過FoodUSA，但它的出現讓FoodUSA的商業模式變得過於脆弱。

某個產業中的優異商業模式，到了另一個產業也許就行不通了。另一方面，大環境改變時，原本已經無用的商業模式也許會再度復活。產業背景、市場情況，甚至是時間，都會造成不同的影響。

比方說，線上音樂分享的商業模式經歷過多次迭代（iteration）。納普斯特（Napster）消失了，但是Spotify、iTunes®、SoundCloud，甚至YouTube都各自以不同的方式取得了成功，為不同的市場、需求和客層提供服務。

沒有哪兩個商業模式會完全一模一樣，也許真的有其道理。技術基礎架構的變化，可以徹底改寫哪些商業模式能存續下去或甚至可行的規則。不過，多數商務人士對大部分的商業模式基本要素都很熟悉。如果你已經看過一百種商業模

式了，那第一百零一種商業模式中可能會出現一些與你早已看過的相似或相同的要素。這正是爲什麼創投家想要創業家解釋清楚新創事業的商業模式，通常還要以圖表呈現。同樣地，新創公司可能會在新興市場中複製經過驗證和測試的商業模式，只不過是使用調整過的版本。

　　遊戲業是涵蓋了各種事業的生態系統，讓許多類似但帶有略微（卻重要）不同之處的公司得以生存。像索尼（Sony）、微軟（Microsoft）、任天堂（Nintendo）的主要遊戲商，都配合自家的硬體平台，開發和發行遊戲軟體。不過，還有一個將產業參與者和企業包含在內的大生態系統，支持著這些遊戲商。

　　芬蘭手機遊戲發行商超級細胞（Supercell）的主要作品有《部落衝突：皇室戰爭》（Clash Royale）和《部落衝突》（Clash of Clans），每日玩家數達一億人次。2016年，中國網路及支付服務企業集團騰訊公司，收購了超級細胞，以加強自身在全球遊戲市場中所展現的實力。

　　再往東走的話，就會找到提供玩家各種遊戲平台的供應商，例如新加坡的競舞娛樂（Garena），瞄準的是東南亞市場。日本的mixi公司最初是社群網站，後來以一款叫《怪物彈珠》的手機遊戲而大受歡迎。電玩在南韓熱門到職業級遊戲正式被命名爲「電競」（e-sport），遊戲開發則由像是網石（Netmarble）或格雷維蒂（Gravity）等具有獲利能力的成長公司負責。較小的利基市場，比如說越南，也有規模適中的遊戲公司，像是VNG。

光是在這個產業裡，就能看到針對特定地區市場的多元商業模式和企業，各自具備了能讓生意興隆的略微不同本事。商業模式不必獨一無二，但你的公司在資源、交易和價值創造的各方面，必須與其他公司有所區別，才能在市場中存活，並持續成長。

影片資源

加州紅點創投（Redpoint Ventures）的創辦合夥人楊貞銘（Geoff Yang）將說明，幾乎每個商業模式都曾在某處經過驗證。

　　本書的活動和架構，無法取代真實世界中的測試。不過，它們確實能提供寶貴的工具，為實際測試做好準備。它們應該也能作為疑難排解的指南，協助修理損壞或無法使用的商業模式。

學習單 1.2

我的商業模式哪裡出了問題？

在繼續閱讀下一章並了解商業模式的歷史之前，看一下學習單 1.2。想一想，在你的組織的商業模式當

中，有什麼可能會行不通。你也許可以從其他組織挑出你覺得效率不彰的商業模式，開始思考。這項活動應該只會花幾分鐘，同時也會讓你做足準備，以便了解本書接下來關於建立商業模式活動的更詳細內容。

優異商業模式的構成要素

優異商業模式是可以持續營運組織的基礎。優異的商業模式會：

▷ 滿足顧客需求。
▷ 為公司和公司的合作夥伴建立價值。
▷ 運用和延伸應用具有價值的能力或資源。
▷ 具有效率。
▷ 讓公司顯得與眾不同。
▷ 具備不只是短期，而是能持續運作的能力。

讓我們來簡單探討一下每一項。

每個可行且能持續運作的組織都具有一個核心目標：滿足需求。優異的商業模式可能會解決某個市場需求，帶來收益和利潤，也可能是針對某個社會需求，進而帶來捐款和正

面的社會成果。在少數情況下，商業模式也許會創造出全新的需求。無論是哪一種，每個可持續運作的商業模式都會滿足某個未能完全解決的需求。那些無法滿足需求的商業模式，基本上是無法存續下去的。

滿足需求是必要條件，但非充分條件。優異的商業模式會為公司和公司的合作夥伴建立價值。那些無法為組織建立價值的商業模式，仍舊無法存續下去。能為組織建立價值的商業模式，可以存續下去，但未必能長久維持。有些商業模式只是將價值從一個組織轉移到其他組織，或在供應鏈上的各部分之間轉移而已。如果組織沒有創造價值，可能就會讓價值分散在各方之間。優異的商業模式則可以長久維持下去。這種商業模式會讓組織和合作夥伴都能創造價值，並建立起讓各方受益的協作關係。

同時，商業模式應該要能運用及延伸應用組織中具有價值的能力和資源。換句話說，商業模式不會將有限的資源像原料般消耗殆盡，反而會確保讓組織運作得愈長久，對顧客和合作夥伴來說會變得更有效、更具價值。最有價值的資源是那些可以改善的資源，而不是會用盡的資源。例如，可以設計出高品質汽車的能力，比起用於製造過程的鋼鐵更具有價值。鋼鐵會被拿來利用，也會被取代，但一流的設計師會隨著時間變得更老練、經驗更豐富。

優異的商業模式具有效率。長期而言，浪費資源的商業模式，容易受到產業變動和商業模式創新的影響。

優異的商業模式顯然會讓組織與競爭對手、產業同行有

所區別。同一個產業內的多個組織都使用相同的商業模式，是很常見的情形。有時候，這種現象被認為是某種組織主流設計，或是權變理論（contingency theory）的特殊案例。一般的看法是，組織通常都會偏好已證實是可行的做生意方式，任何偏離這種樣板模式的方法，往往都會削弱獲利能力。然而，實際情況是，在最具效率的商業模式當中，有些卻偏離了業界標準。看看電子商務的阿里巴巴集團、航空業的西南航空、電腦業的蘋果、汽車業的特斯拉（Tesla）、付款服務的騰訊等。強健的商業模式至少能確保組織不光是在複製所有其他公司正在做的事。

綜合上述的特色，得到的就是能長期維持的永續能力。優異商業模式的真正目標，是要為組織提供在市場中存活並興盛繁榮的潛力。最優秀的組織會利用這樣的成功結果，調整並翻新商業模式，才能保持領先業界的地位。

重點回顧

- 商業模式談的就是組織設計與價值創造。

- 有效的商業模式會充分利用組織，以放大價值創造的規模。

- 商業模式要素可能會以違反直覺的方式達成協調一致。

- 商業模式通常比表面上看起來更複雜。

- 在某個產業中很棒的商業模式，未必在別的產業也行得通。

商業模式簡史

　　「商業模式」是相當新穎的經營管理概念，如今卻主導著不少經營管理方面的討論。商業模式已經成為探索新創公司、創業、創新、企業策略關鍵領域（例如組織變革）的主要工具。本章將會沿著記憶的巷弄稍微走一走，看看關於商業模式的討論是如何開始的。

　　1990年代晚期之前，沒有人在使用「商業模式」這個名詞，或至少它很少以書寫的形式出現。但從那之後，這個名詞隱約卻迅速地從一個抽象的理論詞彙，逐漸轉變成擁有生氣蓬勃，甚至活生生含義的詞語了。

　　　　　　—— 安娜・科卓亞—拉多（Anna Codrea-Rado），

　　　　　　出自為QZ.com所撰寫的文章，2013年4月17日

　　如果你急著要建立或改變商業模式，可以暫時跳過這一章。不過，了解商業模式的歷史，有助於理解為何經理人和學者會從某些角度來談論商業模式，也能突顯出商業模式的

一些限制。如果你選擇跳過本章，先讀之後的章節，那麼有
時間的話，請回頭再來閱讀本章，因爲你將能得到有用的指
引，並以經過深思的角度，了解商業模式究竟是什麼。

商業的模式

「商業模式」的起源僅有五十年的歷史。在1960年代，
管理學者試圖解構商業運作的各個層面。他們之所以會這麼
做，是因爲想爲一些管理和策略方面的重要學術問題找到解
答。比如以下的問題：

> ▷ 若經理人沒有完整的資訊時，要如何決策？
> ▷ 為何在同一個產業中的各種公司看起來很類似，卻又
>   不完全一樣？
> ▷ 為何有些公司始終能勝過其他公司？
> ▷ 為何變革能幫助一些公司，卻會傷害或摧毀其他公
>   司？

於是，有些學者便開始探索是否能創造出「商業的模式」
（models of business）。他們嘗試用軟體，模擬一個組織的所
有活動。主要目的是要在完全理性的架構下，解釋經營管理
決策。他們的努力成果，爲一部分決策過程帶來了令人著迷
的深刻見解，像是訂價。不過，這些成果從未發展成一門

「商業模式」的科學。

　　到了1970年代，管理科學的學術研究經歷了劇烈改變。決策和商業成果的相關研究，重新聚焦在認知、策略、組織行為和社會心理學的架構上。1990年代晚期之前，有提到商業模式的學術文獻可說是少之又少。同樣的情形也出現在以專業商務人士為目標讀者的出版物當中。比如說，在整個1970年代期間，《哈佛商業評論》（*Harvard Business Review*）只有六篇文章提到「商業模式」這個名詞，1980年代則僅有十一篇。直到1990年代晚期為止，不論從哪個方面來看，商業模式的概念都不太活躍。

　　如果你對做為「商業的模式」的商業模式有興趣的話，就請看看本書網站「離題一下」單元裡的「商業模式之商業的模式」（Business models as models of business），了解更多相關資訊，其中還包括了諾貝爾獎得主在授獎演說中提過這個說法的內容。

簡單的商業模式

　　1990年代，學者和商務人士對於公司及創新的思考方式起了某種變化。要認為這種變化完全是因為網路才剛開始發展的關係，確實很容易，卻也會令人產生誤解。當時，「商業模式」被當成是完整描述一家公司如何創造價值的概念，已經逐漸摻進策略與競爭優勢的相關討論之中。這個名詞正逐

步成為管理世界中的日常用語。

　　早期在使用商業模式概念的時候，通常是當作公司如何創造價值的簡化類比法。最有名的一個例子就是「刮鬍刀與刮鬍刀刀片」（razor and razor blade）的銷售模式。這個模式是用來描述有些公司如何以低價出售，或甚至贈送某樣產品（刮鬍刀握把），藉此產生針對互補產品（complementary product）的長期需求，而這個需求（拋棄式刮鬍刀片）必須定期重複購買才能得到滿足。

　　經理人和學者這時開始採用商業模式的說法，把它當成公司以獨特方式創造價值的簡略表達方式。1993年，在一篇探討「觀點」的《哈佛商業評論》文章中，監控公司（Monitor Company）的創辦人之一鮑伯‧盧瑞爾（Bob Lurie），點出了要將良好策略點子和良好執行方式區別清楚的挑戰。他表示：「宜家家居（IKEA）藉由不算是獨創的商業模式表現得很出色，但如果是由比較沒那麼專業的人來實行這個商業模式的話，很有可能會失敗。」

　　到了1990年代末期，商業模式已經主導著管理實務的領域了。「商業模式」一詞成了行話。埃森哲公司（Accenture，前身為安盛諮詢〔Andersen Consulting〕）的策略變革研究中心（Institute for Strategic Change）出版了一本指南，試著辨識出每種可能的商業模式。其中包括了「刮鬍刀和刀片」的模式，以及其他三十三種，細分為像是「價格模型」（price model）和「創新模型」（innovation model）等多種類型。這份報告也提出了「變革模型」（change model）

的各種版本，提供商業模式早期的一種動態研究途徑。

學習單2.1

我的組織擁有標準的商業模式嗎？

要完整列出所有可能的商業模式，恐怕永遠都辦不到。不過，思考你的商業模式是不是相當符合某個特定的類型，確實會有幫助。本學習單讓你有機會檢視自己的商業模式，是不是符合定義極為明確的類型，以及能不能以相當簡單的類比方式來解釋。另一個可能性是，你的商業模式是多種類型的綜合體，或是某種全新不同的類型。

電子商業模式的混亂情形

在1990年代晚期，出現了驚人的科技、文化和社會現象。主要透過全球資訊網基礎設施發展並設置的網路，為社會和商業帶來了前所未有的衝擊。

網路也徹底打亂了商業模式的研究與實務。

學者可能會說當時的「商業模式」是所謂的「專門術語」（term of art）。這個詞加入管理實務用語的行列時，指的是公司層級的價值創造，但同時也把一定程度以上的高階營運模

式納入考量。不過，顯然在不同的情境下，商業模式對不同的人來說，意義也有所不同。網路的出現和所謂的「電子商業」（e-business），讓早期針對商業模式的探討變成了一座巴別塔（Tower of Babel，譯注：出自猶太教創世紀故事，人類意欲打造一座通天的高塔，上帝因此將人類的語言打亂，是人類產生不同語言的起源。）。

「電子商業模式」的概念是一種網路事業的架構，類似於1960年代「商業的模式」架構。關鍵的差別在於這些模式主要聚焦在交易上，原因正是：若透過網路，只需要一般成本的一小部分就能促成交易。金錢、資訊和商品都可以在人為參與程度大幅降低的情況下，進行交換。

當然，這些模式的重點都放在新創企業或新事業單位上，而其營運方式主要或完全都是透過以網路為主或其他電子的介面來進行。具體的交易可以清楚界定出來，拆成次要構成要素，再以其他方式重新打造。經理人和學者創造了多組交易，再以有系統的方式，分類成一組數量有限的「原子級」電子商業模式，其中包括了內容提供（content provider）、直接訴求消費者（direct-to-customer, DTC）、淨價值整合（value net integrator）。

由於有了網路的協助，對於部分或所有活動都透過網路來經營的組織而言，問題當然就是要如何區分「電子商業模式」和「商業模式」了。「電子商業模式」的領域成了相當專門的主題，通常適用的對象是具備重大實體基礎設施，並開始以網路進行活動和營運的大型組織。本書不會更進一步探

討電子商業模式，對這個主題特別有興趣的讀者，可以參考彼得・威爾（Peter Weill）和麥可・維塔雷（Michael Vitale）的《從實體到虛擬：如何遷移至電子商業模式》（*Place to Space: Migrating to eBusiness Models*，中文書名暫譯）。

　　另一個造成混亂的源頭，主要是針對以網路為基礎的公司究竟能不能使用與「傳統」公司一樣的方式來進行評估。如果需要這個主題的其他相關資訊，請看看本書網站「離題一下」單元的「價值創造的新『商業模式』？網絡泡沫破滅的教訓」（A new "business model" for value creation? Lessons of the dot-com crash.），內容包括一位知名管理學教授曾預測這種「新價值創造」注定失敗，時間點正好就在網際網路泡沫發生的數個月前。

　　網路熱潮與網路泡沫所帶來的教訓顯而易見：

  ▷ 要探索以新方法為顧客創造價值的商業模式。
  ▷ 不要說服自己，創新的商業模式會被排除在評量價值創造的傳統方式之外。新穎的事物也許會暫時影響如何評量組織產出的標準，但不會永遠如此。最好的商業模式會創造出實際且能評量的成果。

商業模式的理論與實務

　　雖然網際網路的泡沫破裂了，但商業模式卻愈趨強勢。商業模式並不是網路公司獨有的；每個可持續營運的組織，都擁有一個顯而易見的價值創造的商業模式。然而，商業模式仍舊難以清楚定義。商業模式到底是什麼？商業模式是不是只有一定的數量？商業模式能不能分成數種類型？是不是有一些商業模式會表現得比其他的好？為什麼呢？

　　被公認為商業模式最重要的學術研究，是由拉法葉・阿米特（Raphael Amit）教授與克里斯多夫・佐特（Christoph Zott）教授所進行的研究。2001 年，他們在頂尖管理期刊中發表第一篇探討商業模式的研究論文。他們提出一個看似簡單的問題：為何電子商業似乎創造了比其他商業還要多的價值？他們的答案是：新的商業模式。他們特別釐清了商業模式是思考公司如何創造價值的新方式，並提出邏輯上最前後一致的第一個商業模式定義。

　　阿米特和佐特在兩人的論文〈電子商業中的價值創造〉（*Value Creation in E-business*）中，替商業模式做為重大新概念的研究鋪了路。他們表示：

　　我們的發現指出，沒有任何創業或策略管理的理論，可以完全清楚解釋電子商業的價值創造潛力。我們需要的反而是整合公認為標準的價值創造理論觀點。為了讓這樣的整合得以成真，我們為未來針對電子商業價值創造的研究，提供

可做爲分析單位的商業模式構念（construct）。商業模式描述的是交易內容、結構和管理方面的設計，以便利用商機創造價值。

即使你不認同這個定義，也能利用商業模式，不過上述定義也許值得再深入思考。阿米特和佐特主張商業模式是一家公司用於創造價值的交易設計，其中包括了內部和外部的交易，實際上指的就是公司交換資訊或資產的一切行爲。這是非常強而有力的定義，因爲它非常精確，也非常全面。這個定義出現以後，對於要如何解釋商業模式（包括兩位作者的論文），都沒有辦法像它如此簡明扼要。

然而，他們的成果有兩個缺陷。首先，這不是屬於一目了然的定義，也有些難以納入簡單實用的管理工具中。第二，阿米特和佐特的關鍵研究使用了網際網路泡沫時期的資料，而文中提及很大一部分的「價值創造」，都沒有捱過網路泡沫。舉例來說，兩人剖析了具有驚人價值創造的三家公司：汽車線上服務公司Autobytel、線上電腦及電子器材零售商Cyberian Outpost、線上拍賣市場Ricardo.de。網際網路泡沫破裂後，這些公司總計的價值至少跌了八成。擁有「創新」商業模式並不足以保證長期的價值創造。

這篇論文發表以後，已經有數百名學者撰寫上千篇經同儕審查的商業模式研究論文了。在谷歌學術搜尋（Google Scholar）中搜尋「商業模式」，會出現五十萬筆以上的結果；如果把搜尋範圍限定爲標題，仍然會有一萬兩千筆以上的結

果。直至今日，商業模式究竟是什麼，或是要如何以嚴謹方式進行確切研究或衡量商業模式的成果，依然沒有明確共識。如果需要更多資訊，請看本書網站「離題一下」單元的第五項，其中包含了學術研究人員所使用的一些商業模式定義範例。

　　我們自己做的研究則顯示了問題的另一面。關於經理人如何在真實世界中實際使用商業模式，研究商業模式的學者很少把這些來自經理人的第一手資訊或觀察納入研究。如果管理領域的研究結果，無法反映出經理人如何思考或所作所為，這些成果又會有多少幫助？管理學學者無法與彼此達成共識已經夠糟了，但他們顯然還與經理人意見不合！以經理人為對象所進行的大量訪問和調查都顯示，那些由學者提出也測試過的各種商業模式定義，基本上都沒有反映出經理人對於商業模式的看法。

　　即使阿米特和佐特的定義再怎麼完善，依然不符合創業家和經理人對商業模式的看法。究竟是要選擇更嚴謹的學術定義，還是經理人可以採用的定義，面對這樣的兩難，我們決定使用後者。

　　經理人把商業模式當成是三個關鍵組織要素的綜合體：資源、交易、價值創造。對經理人來說，商業模式會將組織的設計與組織創造或解決的機會，連結在一起。

商業模式圖的降臨

商業模式實務的最重要發展，隨著亞歷山大・奧斯瓦爾德（Alexander Osterwalder）在其著作《獲利世代》（*Business Model Generation*）中所打造的商業模式圖（Business Model Canvas）而來。你可以免費下載這本書原版的第一部分。

商業模式圖是思考商業模式的實用管理工具。奧斯瓦爾德與數百名經理人、創業家、學者討論後，根據討論內容，發展出一套相當簡單易懂的商業模式要素，以及填寫這些要素的賞心悅目圖表設計。

這張圖表辨識出九個商業模式要素：關鍵資源（key resources）、關鍵活動（key activities）、關鍵合作夥伴（key partners）、價值主張（value propositions）、顧客關係（customer relationships）、通路（channels）、目標客層（customer segments）、收益（revenues）、成本（costs）。

這張圖表之所以是往前邁進的重要一步，原因有三。首先，商業模式圖讓學者的關鍵發想，具有合理且派得上用場的分量。第二，商業模式圖為特定商業模式的組織思維與探討，提供了有效的視覺化機制。最後，商業模式圖強調了在設計、評估及改變商業模式時的一個關鍵，也就是商業模式要素如何配合彼此，而不只是要素本身是什麼。第七章將會更深入探討商業模式圖。

商業模式的未來

關於商業模式的研究有多活絡？一言以蔽之：非常活絡！

圖2.1顯示出研究刊物的數量成長有多快，尤其和其他關鍵管理主題一比較，更是如此。

就像所有商業行話一樣，「商業模式」也從令人興奮的新事物，逐漸變成某種平凡又簡單易懂的東西了。未來將會出現新的行話，而商業模式則會成為商學院教的另一個架構，顧問會拿它來使用，創投家則會對它進行分析。

商業模式圖的成功促使了類似的工具誕生，像是精實

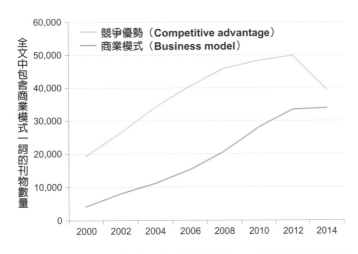

圖2.1：全文中包含「商業模式」與「競爭優勢」的已出版學術刊物數量

（資料來源：谷歌學術搜尋）

畫布（Lean Canvas）、商業模式禪圖（Business Model Zen Canvas）等。任何一種上述工具，都能在評估創業機會的過程中派上用場。

商業模式工具的價值並不是源自工具本身。使用這項工具不保證一定會成功！商業模式工具的好處，來自以具架構性的方式釐清假設，思考組織要素該如何才能相輔相成。

未來幾年，身處學術界的學者將出版更多商業模式的研究。這些研究全都可能有益於加深關於組織探索和利用機會的知識。另一方面，這些研究可能大多會與實務脫節，因為創業家和經理人都要在時間和資源有限的情況下，針對新點子做出困難的決定。此外，商業模式的研究經常太過聚焦在其中的一小部分，導致研究結果不是對多數組織來說毫不相干，就是以效率而言無法利用。再者，像是資訊科技等領域的科技日新月異，加上發表管理研究需要花上相對漫長的時間，都意味著有關商業模式的學術研究通常在發表時就已經過時了。身為學者的我們，希望商業模式研究會隨著時間更具有實質意義，同時也要吸收前人的研究成果。

你可能會問：「這一切對我來說有什麼意義？」

創業或建立成長型公司（growth company，譯注：透過創造原先不存在的產品或需求，來打入既有市場）時，商業模式是很重要的工具。而商業模式分析則可以提供評估新商機的簡單有效架構。探索企業的商業模式，有助於找出關鍵問題和低成本的試驗方法，以測試新商機是否可行。

如果你經營的是家族事業或休閒事業（lifestyle business），商業模式還是具有切身關係。在多數情況下，經營家族和休閒事業的人，從來不需要仔細思考組織的商業模式。不過，進行商業模式分析，會讓這些公司的經理人受益良多，因爲分析會協助他們探索造就公司結構與帶來最初成功的根本假設。大部分的公司都無法永遠維持不變，而要利用新機會的話，則需要改變。

　　如果你是大型公司、非營利基金會、教育機構或其他非商業組織的資深經理人，依然能受惠於商業模式。每個組織都有一個商業模式。商業模式可以進行建構、測試和評估。商業模式是組織能否存續的關鍵指標。一般來說，這些組織的經理人不會去思考商業模式，意味著商業模式分析很可能會產生意想不到、令人大開眼界的結果。

　　新的商業模式終究會出現。創新的商業模式往往會隨著大規模基礎設施的重大改變而出現。科技、社會、法律架構的變革，會製造出新價值創造的機會。要取得這些新資源的價值，通常會需要全新的商業模式結構。

重點回顧

- 經理人和學者未必都以同樣的方式在思考「商業模式」。

- 商業模式是管理工具箱中最新的工具之一。

- 新穎和創新的商業模式必須創造出可衡量的價值。

- 有組織,就有商業模式!

設計商業模式沒有捷徑

為何既有公司要利用破壞式創新是如此困難？原因在於
讓公司擅長於既有事業的流程與商業模式，其實會讓公司不
擅長以破壞式創新為目標來競爭。

——克雷頓‧克里斯汀生（Clayton Christensen）

商業模式具有無限可能。

創業家利用新的商業模式，為市場帶來創新。創投家都
知道，一個可持續運作的商業模式會協助企業快速成長。大
型公司的執行長需要商業模式，才能適應科技和社會人口的
變遷。精明的政策制定者看得出，構成商業模式的是長期的
經濟發展、工作機會的增加，甚至是提供有效的政府服務。

好消息是，商業模式是幾乎到處都通用的概念。根據不
同程度的具體性和有效性，商業模式可以套用在新創事業、
家族事業、成長型公司、跨國企業、產業、政府，甚至可能
是國家本身。商業模式會辨識出一個組織的關鍵要素與結
構。商業模式分析則會揭露一個組織可以如何改善，才能滿

足市場需求，同時創造價值，不管這個價值究竟是以利潤還是以較爲抽象的人類善（human good）來衡量。

壞消息是，無論商業模式有多出色，要創造、評估、調整或實行商業模式，都沒有一步就能完成的萬能妙招可用。確實有許多工具和架構可以讓整個過程順利進行，但它們用起來並不像表面看起來那麼簡單。若要設計、測試及啓用優異的商業模式，需要針對知識、專業技術、以資訊爲基礎的直覺，先下一番苦功。少了這樣的投入，創業家就有可能會遇上許多障礙。

設計優異商業模式的障礙

在優異的商業模式誕生之前，你會碰上數不清的障礙。首先，如果想採取阻力最小的途徑來打造商業模式，方法就會是仰賴你已知的事物。第二，創造或評估眞正創新的商業模式時，你所需要的關鍵詳細資訊也許難以察覺或是難以取得。第三，要表達商業模式創新和變革的內容，可能會非常困難。第四，思考商業模式時，很容易就會聚焦在錯誤的細節上。最後，要進行評估和測試的關鍵要素，也就是商業模式本身的一致性，通常既難懂也不明確。

我們會詳細探討上述的各個部分，並舉一些實例，看看這些挑戰究竟是什麼。如果你在每個階段都能好好完成活動，檢驗你對自家組織商業模式的假設，將是很好的作法。

1. 你已知的事物是阻力最小的途徑

在商業世界中，你很清楚自己知道什麼。而一般來說，你不清楚自己不知道什麼。你很難注意到自己的知識落差（knowledge gap，又稱為知識鴻溝）。這一點放到商業模式上會特別有問題，因為商業模式是一個組織如何創造價值的簡略表達方式。

商業模式通常是以簡單的說明或故事來表達。這些故事會讓組織內部的人和外部的利害關係人憑直覺就覺得合理，也是一種用來傳達大量組織相關資訊的有效手段。由於商業模式如此有效又深具說服力，往往會讓人無視那些呈現出相反結果的數據資料，或是其他替代選項。

我們時常請大學生和創業家，為某個特定的企業或組織詳細描繪出商業模式。大多時候，他們都能在十至十五分鐘內，交出格外清楚又見解深刻的地圖或商業模式圖。接著，我們會請他們改變商業模式，或建立替代的商業模式，拿來與針對不同顧客的替代產品一較高下。多數人不是腦袋完全打結，就是無意識地畫出了相同的商業模式分析圖。就算我們提供了某個特定的市場區隔（market segment）、顧客需求、通路機制的另類數據（alternative data），他們還是自然而然就回到既有的商業模式上。「東西沒壞，就不要修理。」

如果要讓商業模式分析帶來巨大的影響，就需要拋棄組織目前創造價值方式的核心假設。你可能最終還是會因為目前的商業模式是最好的選擇，而重操舊業；但如果你只是光靠構成當前商業模式的假設，就沒辦法那麼確定了。

2. 你所需的資訊也許難以察覺或難以取得

網路上沒有商業模式相關數據的資料庫。

只要用谷歌網站搜尋，通常就有可能找到針對市場大小和產業獲利能力的高水準評估結果。然而，研究商業模式時，則通常需要從有限或僅觸及皮毛的數據資料進行推測。

要找出並探索商業模式，經常需要拿高階資訊，搭配詳盡的初始研究、深入的腦力激盪和特定公司的分析，才能獲得精確的結果。如果商業模式包含了新要素或創新要素，基本上可能就沒有可比較的實例或相關資料了。

我們其中一堂課的學生，想要評估提供女性衛生用品給辛巴威年輕女性的「買一送一」（buy one, give one）商業模式成效。許多非洲國家的年輕女性經常因為月經帶有的汙名而缺課。評估這個新穎又複雜的商業模式，所需的資料是學生完全無法取得的。你可以在本書網站「離題一下」單元的「土拉伊」（Taurai）中，讀到這個非比尋常的例子。

學習單 3.2

你需要什麼資料？

請下載學習單 3.2。想一想你在學習單 3.1 中所建立的假設和反假設。你需要什麼資料來測試這些假設？又要如何取得這些資料呢？

---

3. 用類比法來表達商業模式可能會有盲點

商業模式很強大，有一部分是因為我們可以利用它們來產生回饋，有時候還能為種種機會進行前導測試。不過，一旦商業模式納入了複雜或不常見的要素，可能就會變得難以用清楚有效的方式表達。不幸的是，這項挑戰最常見的「解決方式」，是與常見的創新進行類比。

迷你案例：Grappl 與商業模式類比法的危險之處

我們其中一位學生學到的教訓是，很棒的類比方式會隱瞞至關要緊的問題。瓦許‧馬拉達（Vash Marada）以 Grappl 進行了研究，並針對這個「以行動裝置為基礎的特定大學隨著學生需要點對點家教服務」展開前導測試。不太懂這是怎樣的服務？不如稱之為「大學生家教版的 Uber」好了。這麼一講，好像更清楚一點。大學生會登入這項服務，根據特定主題申請家教，已註冊的家教可以回應，表示自己能在當天提供協助。

就 Grappl 的例子而言，這裡用 Uber 來類比，強調的是及時系統的強大之處。家教就像交通運輸一樣，通常非常注重時間：你需要在特定的時間趕到某處，或者你需要學會某一門課的主題，才能完成作業或準備考試。

不過，這樣的類比法也讓其他的重大差異相形失色。比方說，想一下在服務水準和地理方面的問題就知道了。多數駕駛的開車技術都差不多，也都有機會把你平安送達你得去的地方。每位家教教得好不好，則會有很大的差異，但卻沒有限制誰才能當

家教的規定。每位Uber駕駛都應該要有駕照；而Grappl的大學家教老師，除了先前使用者的評分以外，沒有具備家教資格的明確條件。同樣地，Uber的服務在每個城市幾乎都差不多，因此，顧客或駕駛在任何城市內都可以使用Uber。但Grappl的家教一般只會教授某所大學才會有的主題，和一定數量的課程。

這項應用程式開放使用以後，瓦許很快就發現，這個商業模式如果要擴大規模，有其限制。他現在已經向前邁進，著手進行其他更令人興奮的專案了，但他並不後悔經歷了這次見證商業模式走到極限的體驗。

如果要類比商業模式，顯然必須要注意幾個地方。首先，類比法很少出現完美對應的情形。在多數情況下，類比會強調相符的商業模式要素，同時在無意之間，隱藏了不相符的要素。第二，類比法會直接利用比較對象在主觀和情感上的價值。這一點會讓人相信，自己早就看出這個比較對象未來一定會成功，同時應該要對自己發現了這個新機會而感到高興。每個人都認為自己有辦法找到勝利方程式。

你在相信這樣的商業模式類比之前，一定要小心謹慎，更不用說如果你要提出和使用這些類比時，更需留心。

4. 很容易聚焦在錯誤的細節上

創造新的商業模式或是改變目前的商業模式，無可避免都會把焦點放在某些組織要素上，而較不注重其他要素。創業家和經理人多半會聚焦在最熟悉或經過驗證的細節上。

商業模式地圖和商業模式圖，是建立和評估商業模式的有效工具。我們會在第三部用地圖和商業模式圖，示範如何設計和調整商業模式。不過，一般人很容易聚焦在過於簡單的高階要素或過於詳盡的要素上。

繪製地圖和商業模式圖的工具雖然很強大，卻有可能在無意間讓你沒辦法仔細思考，如果商業模式要素放到真實世界的組織中，它們將會如何交互影響？如何運作？

最常見的錯誤，就是用一般的高階要素來建立商業模式圖。如果你想了解商業模式的基礎概念，這麼做會是很好的入門方法。但在多數情況下，過於籠統的商業模式要素至少會造成三個問題。

首先，你會不清楚自己必須蒐集什麼資料，才能評估和測試商業模式。第二，商業模式的要素之所以看起來能有效配合彼此，只是因為它們不夠具體明確，所以彼此不會產生衝突。最後，就商業模式變革或創新的情況來說，把既有組織當作測試時的比較對象並不實際。

較不常見但同樣也有問題的，是把商業模式地圖的細節分析到了極致。這些地圖通常都相當具有說服力，因為它們看起來就代表著商業模式的每個可能細微之處。但實際上，過於特定的商業模式細節，只會衍生出一堆完全不同的問題。

首先，這常常會讓你很難評估商業模式要素將如何互相影響，因爲詳盡的描述內容會讓彼此看起來毫無關聯。第二，這些細節也許能協助資料蒐集，但同時也會隱藏更大的問題或遺漏的假設。最後，過於特定的商業模式細節通常是源自熟悉或既有的組織要素。你最終可能會發現，這些要素確實是正確的，但它們卻會讓你無法針對其他較不熟悉的可能要素進行徹底研究。

學習單 3.3

魔鬼就藏在細節裡

請下載學習單3.3。首先，看一下和「電子停車」（e-parking）商業模式有關的三張商業模式圖範例，這個例子是解決大學校園內的有限停車設施問題。（學習單已附上三個商業模式圖的網址了。）哪張的細節過於空泛、哪張的細節過於特定、哪張提供的細節恰到好處，應該相當明顯。

欲完成這個活動，請下載學習單3.4。接著，挑選一個商業模式構成要素（例如「資源」、「通路」等），與商業模式圖上的其他部分比較一番。

想像一下，根據每張商業模式圖所提供的資訊，你要蒐集什麼資料。你要如何向潛在員工解釋，你從

商業模式中挑出的那一個部分？如果對方是一位潛在投資人呢？你能不能用額外資訊，更進一步改善這個部分呢？

5. 商業模式是複雜的系統

商業模式是由要素與關係所構成的系統。有些要素和關係比其他部分來得更重要。不過，商業模式的成功仰賴整個系統是否能有效運作。等我們開始建立商業模式後，就會來徹底討論這一點。你也可以在本書網站「離題一下」單元的「系統」（System）中，讀到更多關於這個主題的內容。

商業模式不是什麼

商業模式向來都被誤認為是種種其他商業概念。在考慮大眾究竟有多了解商業模式，以及開始埋首建立商業模式之前，應該先來弄清楚商業模式不是什麼。

● 商業模式不是一張圖

要找出、評估、設計或改變一個公司的商業模式，評估商業模式的工具會是有效且高效率的指南。

繪製商業模式地圖或商業模式圖，能提供一張組織要素的寶貴圖像，也有機會呈現這些要素如何互相配合，進而創造價值。商業模式地圖可以是極為有效的表達工具，讓經理人能快速簡單地傳達複雜的點子和架構。但就像先前提到的，這種簡化方式通常會仰賴類比法，而類比則有可能會造成誤解。

　　當公司運作時，終究只有結合了資源與活動（交易）的營運方式，才會讓一個組織「真正」的商業模式化為現實。繪製商業模式的相關圖、地圖或商業模式圖，都無法保證商業模式實際會如何運作、是否真的能運作、什麼時候會開始運作。最終，要讓商業模式的相關圖、地圖或商業模式圖派上用場的話，唯有讓組織實行商業模式本身才行。

● 商業模式不是行銷策略

　　遊戲免費玩（free-to-play）並不是商業模式。遊戲免費玩是一種行銷策略；是讓人越過門檻、試玩遊戲的方法。這種方法擺脫了收取預付費用時會碰上的麻煩。

　　　　　　　　　　　　—— 米奇‧拉斯基（Mitch Lasky），
曾任職於迪士尼、動視（Activision）、美商藝電（Electronic Arts），
　　　　　現為基準資本（Benchmark Capital）的一般合夥人

　　商業模式分析常見的一個誤用方式，就是向潛在顧客更清楚解釋該商業模式的價值主張。儘管這項舉動可能是值得讚揚的有用之舉，卻完全不是商業模式分析。

有些創業家、經理人和組織，把商業模式變革或創新當作是具有潛力的對策，可以解決當前在組織能力與市場區隔需求之間出現的差距。理論上來說，商業模式分析和（重新）設計，實際上是可以協助公司判斷該怎麼做，才能以更好的方式銷售產品和服務。然而，商業模式分析的原意並不是要解決行銷問題。

　　事實上，如果以高明的手段把商業模式思維套用在行銷問題上，通常會產生意料之外或甚至無用的結果。經理人在尋找他們認為是針對行銷弱點的權宜之計時，有時找到的可能解決方式，是顧客關係管理（customer relationship management）的流程大幅重新設計，或是針對未滿足的顧客需求的全新價值創造。這些方法可能都很有用或有其必要，但也可能只是在掩飾蹩腳的行銷策略執行罷了。

● 商業模式不是募資簡報

　　創投家和其他私人投資者都是最先領會商業模式分析力量的一群人。商業模式與描述商業化策略的商業計畫（business plan）不同，它繪製的是價值創造的獨特要素。對於想評估新創事業是否具有實際長期潛力的投資人來說，這一點可能相當具有吸引力。

不過，投資人必須看的資料，遠比一張商業模式圖還要
多。事實上，要在募資簡報（investor pitch）中看到一張商業
模式圖，是極為罕見的情形。商業模式圖通常是：

▷ 資訊密度高，難以用實際圖像或書面報告的形式呈現。
▷ 充滿速記詞語、公司專屬用語或縮略語，外部觀察家
　無法一眼就能看懂。
▷ 不太可能傳達出最關鍵的成功因素或獨特創新之處，
　因為商業模式圖中的每個部分看起來都具有同等的重
　要性。

● 商業模式不是用來展現或測試獲利能力的手段

商業模式分析可以釐清組織的各個部分是否能與彼此結
合、配合，以便創造價值。理論上來說，好的商業模式分
析，能幫忙鑑別像營利企業這樣的組織是否能存續下去。

商業模式不會直接呈現或測試出一個企業未來是否會獲

利。商業模式分析可以幫忙指出方向，讓組織構成要素和架構，與企業策略協調一致。獲利能力主要源自在競爭環境下的策略執行能力。商業模式可以為整體策略計畫注入強大的動力，但無法取代策略計畫或策略部署。

● 商業模式不是機會評估

商業模式可以解釋，一個組織如何利用機會。不過，商業模式卻沒辦法解決這個潛在機會是否本身就具有吸引力的問題。創業的其中一個難題，就是並非所有機會都生而平等。有些機會比較可能會成功，有些比較容易利用，有些則具有更多的長期潛力。

若要評估機會是否具有吸引力，需仔細思考目標市場和組織將要競爭的產業環境。以深思熟慮的方式進行商業模式分析，將有助於探索這些問題。不過，商業模式架構無法具體評估某個機會究竟具有多少吸引力。

一個評估機會的絕佳資源是約翰‧穆林斯（John Mullins）的著作《新商業實測》（*The New Business Road Test*，中文書名暫譯），由培生集團旗下的金融時報（Financial Times）出版。我們在自己開設的許多創業課程中，都把《新商業實測》當作是精華版（又便宜）的教科書。

這本書的較新版本，包含了在導言中針對商業模式和精實新創公司方法論的探討。穆林斯主張，你在寫下詳細的商業計畫之前，應該要先進行「實測」。我們完全同意！我們更

認爲，你在寫下商業計畫之前，應該要在「實測」完成後，先進行商業模式分析。沒有商業模式的商業計畫，只是單純的推測結果而已。

● 商業模式不是企業策略

經理人和學者都努力想釐清商業模式和企業策略之間的關係。有些看起來像是在解決「策略」問題的學術期刊，聲稱其研究的是商業模式。比方說，像西南和瑞安這樣的航空公司，長期以來都被公認爲執行廉價策略的實例。但近幾年來，商業領域的研究人員開始稱這些爲「廉價航空商業模式」的例子。

不論是研究或實務，在所有管理學主題當中，企業策略（或競爭策略）是最古老、最重要，也是發展最完善的其中一個。商業模式是否隸屬在企業策略的領域之下？或許商業模式只是構成公司競爭策略的一個要素？畢竟，企業策略處理的也正是資源、交易、競爭優勢和價值創造。所以，商業模式到頭來和企業策略是一樣的嗎？

它們並不一樣。企業策略針對的是與競爭對手相較之下的定位，而商業模式則是要如何利用新的機會。但兩者很容易搞混。如果你想讀一讀更多關於商業模式與企業／競爭策略之間差別的討論，請前往本書網站，看看「離題一下」單元的「商業模式與策略」（Business Models and Strategy）。

重點回顧

本章探討了為什麼優異的商業模式沒有速成妙招:

- 要獲得有效的商業模式分析,途中會有許多障礙。

- 商業模式很容易被誤解為其他組織要素和概念。

- 商業模式分析是需要由知識與實務累積的技巧。

目前確知的商業模式
十大要點

　　商業模式最大的問題，在於我們不是真的清楚為何有些商業模式得以成功，有些則會失敗。直至今日，商業模式的學術研究尚未提出清楚易懂的方法，可用來衡量商業模式的構成要素、流程或成果。

　　舉例來說，沒有證據顯示，利用商業模式圖的創業家會比其他沒有使用的創業家，更有機會成功創業。沒有研究清楚說明了「新」或「創新」商業模式所需的必要條件。

　　有些研究認為，創新商業模式比現存的商業模式具備更高的獲利能力，但這些研究之間的商業模式變數卻不一致。在許多研究中，「商業模式」或「商業模式創新」的定義，主要都交由參與訪問或填寫調查問卷的經理人來詮釋。商業模式研究的一個諷刺之處是，儘管學術界努力想找到某個前後一致且清楚明確的定義，經理人卻往往假定每個人對商業模式究竟是什麼的理解程度都差不多。

　　所以，我們對商業模式到底了解到什麼程度了？考慮到商業模式和商業模式創新有大量令人混淆，有時相互矛盾的

資訊，把重點擺在學者和從業人員向來能清楚展現出來的部分，將會很有幫助。我們對商業模式真正的了解，可以用以下簡單的十句陳述來總結：

1. 商業模式會一直存在。
2. 商業模式與績效並未有明確關聯。
3. 創新的商業模式可以賺大錢。
4. 創新的商業模式具有高風險。
5. 商業模式無法單獨運作。
6. 商業模式只有付諸實行，才能體現其價值。
7. 商業模式會改變。
8. 商業模式變革並非易事。
9. 組織可以測試並實行多個商業模式。
10. 新的商業模式無法事先預測未來發展。

商業模式會一直存在

無論是不是行話，商業模式在可見的未來內都會一直存在。它是全球創業社群中的標準專門術語，在涵蓋範圍更廣的企業環境中，也是廣為接受的用語。如果你還沒使用過的話，未來有很高的可能性會談論到商業模式。

商業模式與績效並未有明確關聯

　　商業模式工具不像許多專為策略管理、金融、行銷和其他商業原則所打造的工具，它與績效改善或甚至是企業存續，並沒有明確的關聯。光採用一個商業模式架構，比如說商業模式圖，並不保證組織一定會成功。如果在本書的重點中，你只能挑出一個的話，那大概就是以下這一點了。

　　使用商業模式架構，不保證你一定會找到可持續運作的商業模式，也不保證你實行這個商業模式，一定會打造出成功的事業。

創新的商業模式可以賺大錢

　　真正創新的商業模式和創業成功之間可能有關係。採用創新商業模式的公司，經常拿新奇的資源、交易類型或價值創造系統，來進行試驗。任何結果都有可能會促成通往成功與成長的競爭優勢。

　　印度的巴帝電信（Bharti Airtel）公認是近代優異商業模式創新的成功故事之一。這家公司在印度的行動電話產業中，率先採用低基礎設施門檻的商業模式。巴帝電信幾乎外包了所有網絡基礎設施的每個層面，挑戰著全球各地採用的標準營運模式。由於該公司將鄉村地區的零售商納入銷售與配銷系統當中，因而成長為顧客數量達全球第四多的電信商。

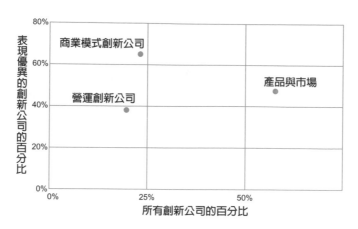

圖4.1：根據創新類型分類的公司表現

（資料來源：根據Giesen, E. , Berman, S.J., Bell, R. and Blitz, A. (2007)
'Three ways to successfully innovate your business model',
Strategy & Leadership, 35(6), 27–33的資料）

　　IBM針對全球逾七百位執行長進行調查，結果發現，商業模式創新是表現優異與表現不佳公司之間的最重要差異（圖4.1）。

創新的商業模式具有高風險

　　商業模式創新可能會帶來高報酬，但同時也具有高風險。真正創新的商業模式，可以很輕易就搖身變為製造災難的配方。想一想納普斯特公司和蘋果公司在數位音樂界的商業模式創新就知道了。

蘋果公司的創新簡單明瞭，它與音樂大廠簽約後，販售歌曲的管道便是集中管理的線上平台──iTunes®。納普斯特公司的創新更上一層樓，打造出一個點對點的平台，人人都能互相交換歌曲。

　　蘋果公司的創新主要是在交易方面，更新銷售與配銷的通路，以便利用網路的低成本配銷特性。納普斯特公司的創新改變了所有三個主要的商業模式結構：資源、交易、價值創造。

　　納普斯特公司的創新過於激進，以至於付諸實行時，違反了著作權法，導致被告，公司最終也倒閉了。這是很重要的一課：商業模式創新可能會太具有破壞性。

商業模式無法單獨運作

　　一個組織的商業模式運作於多個環境之中。圖4.2將這個情形以視覺化方式呈現。商業模式的運作需要高階管理團隊（top management team, TMT）完全採納才行。整個組織上下都必須採用相同的商業模式，整套商業模式也必須和組織文化保持協調一致，或在組織文化有所改變時跟著變動。

　　商業模式是一套「跨界」（boundary-spanning）系統，其中必定會納入組織橫跨至外部供應商、合作夥伴、顧客所產生的活動和交易。因此，商業模式會在以公司供應鏈爲背景的情況下運作，也必須針對供應鏈如何創造價值，貢獻一份

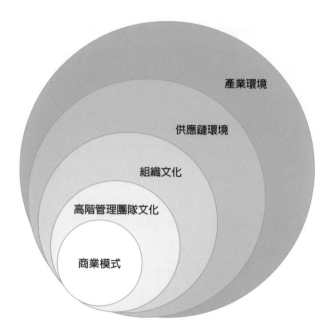

圖4.2：商業模式所處的環境

心力。

　　最後，公司的商業模式只不過是涵蓋範圍更廣的產業下的一個商業模式。有些產業可以容納多個商業模式，有些則不行。

　　這也突顯了商業模式創新所面臨的挑戰。如果公司的商業模式經歷了劇烈改變，將會產生漣漪效應，所影響的遠不只是組織的利益和成本而已。而針對商業模式變革的阻力或強烈反對，可能同時來自不同層級的多個環境。

商業模式只有付諸實行，
才能體現其價值

　　商業模式不是一張圖，或是展現獲利能力的手段。優異的商業模式需要付諸實行。創業家或經理人必須將商業模式的圖或地圖，轉譯為一連串運用和轉變組織資源的流程及活動。如果好的商業模式無法有效或好好實行，大概就跟糟糕的商業模式沒什麼兩樣。

　　這就是為什麼創業投資家如此重視團隊的能力。執行得相當成功的話，就能彌補平庸商業模式的不足，或是調整好正在實行的商業模式。執行得相當拙劣的話，不論採用的商業模式有多好，通常都會以失敗收場。

　　看看躍運公司（Leap Transit）的例子就知道了。2013年，舊金山有一群創業家為私人運輸系統公司躍運進行了前導測試，目標客群是舊金山灣區日益增多的年輕富有科技公司員工。該公司的商業模式採用了一種「大眾」運輸的不同模式，收費更高，就為了迎合不想開車通勤的特定小眾市場。如此的創新想法似乎很有道理，特別是在人口密度高且資產也高的大都會地區。躍運公司從經驗老道的專業創投家身上，募集了逾250萬美元的資金，在2013年推出了服務。

　　然而，躍運公司並未有效執行其商業模式。運輸業是一個規範嚴格的產業，而躍運想盡辦法，希望讓公司的服務得到加州政府的許可。躍運公司的車輛不符合應可承載身心障

礙者的相關法規，很快就被政府勒令停業，2014年整年都維
持歇業的狀態。公司於2015年再次開業，卻很難有辦法始終
都行駛同樣的路線，或培養出穩健的顧客群。由於公司缺乏
該有的營運執照，加州政府再次勒令其停業。躍運公司在當
年年底前便申請破產。

商業模式會改變

　　商業模式變革的起因可能是出於形形色色的影響或需
求。第四部會詳細探討這個部分，不過有幾點值得先提一
下。商業模式調整可能是受到管理方面的問題解決所驅動，
而這個問題解決是來自外部變革。比方說，創業家或經理人
可能會發現，關鍵資源、交易或價值創造不再能有效將公司
的資源連結到市場。變革也有可能是受到內部因素的驅動，
像是經營理念或企業目標的改變。

　　IBM的研究（圖4.3）顯示，商業模式創新最常受到四個
需求所驅動，分別是：成本降低（cost reduction）、策略彈
性（strategic flexibility）、專業化（specialisation）、新
市場開發（new market exploitation）。

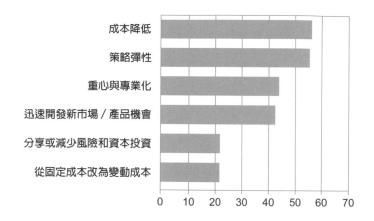

圖4.3：商業模式創新的最常見驅力

（資料來源：根據'Expanding the innovation horizon: the global CEO study 2006'，
IBM Global Business Services, March 2006的資料）

商業模式變革並非易事

在所有組織管理的面向中，改變商業模式很可能就是最困難的變革過程了。

為什麼呢？

要改變組織的商業模式，一般來說需要從根本上改變組織的運作方式、互動對象和創造價值的方式，而且可能三者同時都要改變！

幾乎無可避免的是，位居關鍵的人與團隊得要學習不熟悉的技巧，取得不熟悉的資源，發展出不熟悉的能力。

商業模式變革不像策略變革、產品創新或程序重組，幾

乎向來都需要踏入未知的領域。組織則要在不確定自身是否足以面對挑戰的情況下，接受這些挑戰。

當然，有些商業模式變革相較之下更重大也更困難。概括來說，商業模式變革的困難程度，與商業模式架構有哪些、有多少部分需要更動，有直接的關係。最難改變的是價值架構；最容易改變的是資源架構。當然，有些商業模式變革則需要更新或調整多項架構。這會讓挑戰增加，如圖4.4所示。

你能從商業模式變革和商業模式創新中學到的一些教訓，不是一眼就能看得出來的。比方說，我們的研究顯示，組織若要成功實踐商業模式變革，需要把重點擺在關鍵能力，同時也不能忽略更大的市場環境。這會是很重大的挑

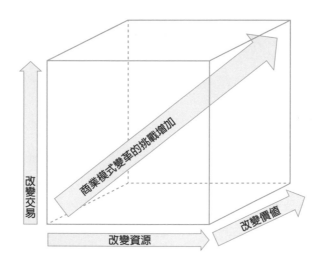

圖4.4：愈趨複雜商業模式變革的困難之處

戰。同樣地，商業模式變革似乎也不是可以透過累積習得的技能，它不會隨著每次的實踐經驗而變得更容易。

組織可以測試並實行多個商業模式

　　從業人員和管理學學者曾認為，一家公司一次只能有一個商業模式。這是以極度簡化的方式在看待商業模式。實際上，所有公司都不斷處於變化和變動的狀態。最富有經驗的創業家和經理人都採用這種流動的觀點，來測試和調整商業模式要素，甚至是即時測試和調整整個商業模式。剛開始經營的創投公司，尤其是新行動應用程式或仰賴平台的創投，在試著要擴大經營規模之前，通常會先充分檢驗各種商業模式。

　　一個絕佳的例子是歐希瑞公司（Ocere）。2012年，湯姆・帕林（Tom Parling）已經手忙腳亂了好長一段時間，想讓自己的搜尋引擎最佳化（search engine optimization）事業——歐希瑞公司有所成長。歐希瑞公司創立於2009年，在發展迅速的產業中，成長為令人充滿期望的企業。歐希瑞公司充分運用了湯姆對谷歌搜尋演算法和網路爬蟲系統的全面了解，協助客戶提高他們在谷歌搜尋結果中的能見度。不過，歐希瑞公司也身處日益競爭的高風險空間，這個市場幾乎全受谷歌公司調整搜尋演算法的技術所掌控。

　　到了2013年，湯姆看得出公司太過倚賴只適用於單獨一

位客戶的專案，而隨著搜尋引擎最佳化產業逐漸合併，公司也冒著將被逐步淘汰的風險。於是，他開始測試與網路搜尋和數位行銷有關的其他各種服務。

就實際來看，每一項服務都是一次商業模式的實驗，用實際的資源進行及時試驗，才能在網路行銷和銷售的混亂世界中，探索實際商業顧客的需求。不到一年，歐希瑞公司便找到高利潤、高留客率的利基機會，為英國各地的小型服務業提供針對其產品的線索。該公司依然採用一次發展一場試驗的作法。

新的商業模式無法事先預測未來發展

從事後來看，商業模式創新也許看起來顯而易見。看看音樂單曲的崛起與衰落就知道了。如果時間回溯得夠久遠，你就會發現絕大多數的音樂銷售是屬於四十五轉的黑膠唱片。三十三轉的密紋唱片（long-playing record, LP）出現後，開啟了長達三十年專輯銷售（黑膠唱片、卡帶、光碟）稱霸的時代。隨著網路降臨，配銷數位內容的成本實際上降到了零。突然間，一次賣一首歌似乎又很合理了。

今日，單曲下載又再次主宰了音樂界，如圖4.5所示。這項創新的最大受益者，既不是音樂家，也不是音樂發行商，而是推出iTunes®的蘋果公司，這項服務是首個與主要音樂發行公司結合的線上音樂配銷系統。任何一家主要唱片公司都

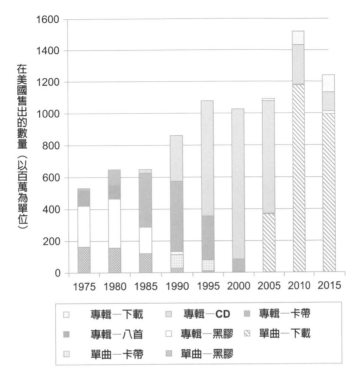

圖4.5：隨時間演變的音樂銷售類型

（資料來源：RIAA data and Minnesota Public Radio analysis, http://blog.
thecurrentorg/2014/02/40-years-of-album-sales-data-in-one-handy-chart/）

能做到這一點，但個個都欠缺技術能力，也缺乏顧客要如何
在數位經濟中取得音樂、使用音樂的遠見。

重點回顧

恭喜你讀完了本書的第一部！現在你比絕大多數的
經理人和創業家都更了解商業模式了。你也知道了
商業模式分析的潛力和限制。以下是第一部曾提過
的重要概念：

- 商業模式是說明組織如何創造和獲取價值的方式。

- 商業模式是將組織資源和活動連結起來的系統。

- 沒有人完全了解為何有些商業模式會成功，而有
  的會失敗。

- 創造優異的商業模式並非易事。

- 創新商業模式需要突破傳統假設的框架、從顧客
  身上取得資料、找到讓商業模式要素相輔相成的
  方法。

- 創新的商業模式具有高風險、高報酬的特性。

- 商業模式會改變，但要改變商業模式，需要具備
  洞見、取得資料、進行測試。

- 組織可以探索和測試商業模式，但商業模式終究
  還是得在真實世界中實行。

現在你已經準備好，可以開始從零打造商業模式
了！

Part 2
商業模式要素：
資源、交易、價值與
敘事架構

　　我們將在這個部分辨識出商業模式的三個面向，並了解它們如何彼此互相配合。把商業模式想像成一個以三角形為底的金字塔，將有助於理解這一點，而你可以從三個不同的角度來看這個金字塔：資源（resources）、交易（transactions）、價值（values）。三者結合在一起，便構成了商業模式的核心架構。

　　無論組織處於哪個階段、組織的大小或類型為何，這個方法都適用。當然，金字塔有一面藏了起來，朝向地面。這個隱藏的一面就是商業模式敘事（narrative），是構成商業模式目標的基礎，也是供你評估必然代價的指南。

（接下頁）

　　當敘事將資源、交易、價值連結在一起時，商業模式本身便能達成**協調一致**。對一致性的概念有所了解後，就能打造出商業模式地圖和商業模式圖。一旦有了設計工具，構成要素也能為商業模式變革和創新提供了架構。

讓資源能為你所用

根據你選擇的商業模式，同樣的產品、服務或技術可能會成功，也可能會失敗。如果要找到成功的商業模式，探索種種可能性會是必要之舉。有了第一個想法，就下定決心採用，冒著錯失其他潛在可能性的風險，而你只有在製作原型以及測試不同的替代選項時，才會找到這些潛在機會。

—— 亞歷山大・奧斯瓦爾德

雖然商業模式分析從哪裡開始著手進行都可以，但多數經理人和創業家都會從資源開始下手。資源的結構是商業模式中最容易辨識，也是最具體的一環（圖5.1）。專業經理人習慣將資源當成是經營和策略計畫的一部分。其他兩個面向總是都在，但一次分析一個，對你會很有幫助。

資源是組織用來創造價值的所有「東西」。組織「以資源為基礎的觀點」，將有利於理解為何有些公司是強勁的競爭對手。實際上，組織的資源就是商業模式的原料。

你開始探索、設計、建立和調整商業模式時，其中一個

關鍵資源將會是商業模式團隊。這裡指的可能是同事、朋友、顧問或其他值得信賴的專家。你的商業模式團隊會協助你按照計畫走，並爲你的商業模式發想創意點子。

沒錯，要組織這樣的團隊需要投入時間成本。不過，一個團隊建立和評估商業模式的速度，比單獨一人要快上許多。除此之外，一個多元的團隊會比單打獨鬥的創業家或經理人，更有可能創造出嶄新的商業模式。

商業模式資源

商業模式資源的類型，包括資產、知識和能力。這些類型也可以分成有形和無形。表5.1將組織資源進行分類，並附上實例。

欲了解並評估商業模式的資源結構，有三個步驟。首先，你必須詳細列出可以取得和必要的資源，而且要格外注

表5.1：資源分類

類型	有形	無形
資產	設備	與供應商的關係
知識	製程所需的步驟和必要條件；智慧財產	經驗累積而成的資訊
能力	始終如一的高製造產量	始終如一的高製造品質

圖5.1 資源面向

意資源類型。第二，你必須以創造商業模式價值的標準來評估資源。最後，你必須考量商業模式是否能有效運用和擴展這些資源。

有些指導方針有助於資源結構分析。

首先，不是所有資源都生而平等。就算把清楚易懂的衡量標準套用在每項資源上，不能保證這就是合適的比較方式，也會有一致的結果。有些像是專業化能力或知識的資源，需要花時間培養。同樣地，無形的資源也可能無法轉移。

第二，你必須評估資源結構，以及它如何與交易和價值的結構互相影響。商業模式分析中的一個常見錯誤，就是聚焦在一、兩個關鍵資源的特定價值上。

最後，先思考過商業模式的交易和價值結構，再回頭檢視資源結構，會是很好的作法。因為大部分的分析都是從資

源開始，所以漏掉關鍵資源或資源互相影響的結果，是極為常見的情形。

比方說，許多商業模式分析都低估了關鍵顧客或通路關係的重要性。交易結構的分析通常都會以正確的方式考量到這些部分。而這些關係同時也屬於組織資源，代表的可能是數個月、數年或數十年以來的努力。在許多情況下，如果組織的其他資源從這些關係中獨立出來，可能就只剩下一點價值或毫無價值了。

學習單5.1

找出關鍵資源

在你的組織的商業模式中，有哪些關鍵資源？學習單5.1提供了範本，可供你快速找出這些資源，並進行分類。請前往本書網站，取得本學習單。

一個關鍵的問題是：「那人力資源呢？」毫無疑問，人通常是組織中最重要的一項資產。一個發覺並推廣這個概念的絕佳例子，可見於克里特運輸公司（Crete Carrier Corporation）所使用的平面文字；這是一家總部位於美國內布拉斯加州奧馬哈（Omaha）的卡車貨運公司。這家公司利用卡車本身，把司機視為不可或缺的組織資源，方法便是用一個箭頭指向駕駛室，以文字聲明：「我們自1937年起最有

價值的資源。」你在本書網站上可以看到像這樣的其他實例。

　　在創投的早期階段，某個人的重要性可能格外關鍵。不過，簡單起見，比較有效的作法通常是聚焦在這些個體為組織帶來的關鍵知識或能力。這個獨特之人的知識與能力，往往會被視為資源，而劃入資源的範疇內。這一點對商業模式分析來說非常重要，因為（很不幸地）企業不能總是仰賴某個獨特個體能永遠提供幫助。此外，針對讓某人之所以不可或缺的資訊和能力進行分析，可能也有助於釐清該如何把這個人的時間好好運用在商業模式當中。

　　有時候，關鍵資源似乎一眼就能看出。看看細胞物流公司（Cellular Logistics）的例子就知道了。艾瑞克・施穆克（Eric Schmuck）還是威斯康辛大學麥迪遜分校的生理學博士生時，就開發出可協助心臟組織癒合的生物材料。他在2016年成立了一家新創公司──細胞物流公司，想讓這項科技商業化。想當然爾，艾瑞克自然就是這家企業最關鍵的人力資源，因為他比全世界任何人都還要了解這種材料。他究竟是屬於細胞物流公司商業模式的哪個部分呢？

　　首先必須要了解的是，嚴格來說，這項已取得專利的材料是大學科技轉移處的財產。艾瑞克對這家企業的真正價值，是在於他製造、測試及使用這種材料的相關知識與能力。此外，艾瑞克還正在學習商業管理和科技創業這方面的知識。他將因來自專家和管理顧問的指點而獲益良多，讓這項複雜的創新得以商業化。

你擁有 SHaRP 資源嗎？

不是每個組織資源都是優異商業模式不可或缺的一部分。畢竟，許多資源在各個組織中都很常見：紙張、電腦、網路存取、寫作技巧、會計等。換句話說，多數資源是必要但非充分。要怎麼分辨呢？根據由管理學學者進行的研究，比方說柏格・沃納菲爾（Berger Wernerfelt）、傑恩・巴尼（Jay Barney）、理查・魯梅特（Richard Rumelt）、伊迪絲・潘羅斯（Edith Penrose）等學者，我們在某種程度上可以鑑別出真正會帶來影響的資源特性。

可以建立優異商業模式的資源具有SHaRP的特性：專業化（Specialised）、難以複製（Hard to copy）、罕見（Rare）、寶貴（Precious）。

圖5.2顯示，這些特性是如何在資源面向中結合在一起。

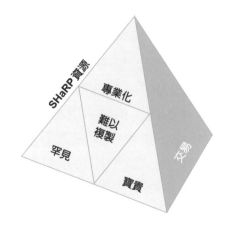

圖5.2：優異商業模式的SHaRP資源

很重要的一點是，根據組織性質的不同，這些特性的標準在程度上也有所差異。比方說，在高成長的科技公司中，資源的罕見與專業化特性會占據要角，而在地的小型零售店不需要同等程度的獨特性，也能好好經營下去。

● 專業化

有些組織資源在各種商業模式中都屬於常見的資源。每個組織必須能夠進行交流、管理活動、追蹤成果、獎勵員工，這已經是基本常識了。一般來說，用來完成這些共通目標的資源都很常見：紙張、電腦、人力資源政策等。

有些資源非常專業化。專利和商業機密都是典型的例子。但有時候，資源之所以具有專業化的特性，是因為使用的方法很獨特。全球各地上千家科技公司中，都能找到設計和軟體工程的技能。但在蘋果公司，這些技能在某種程度上是經過充分磨練，並應用來創造格外受歡迎的產品，改變大眾實際使用科技產品的方式。

比方說，自2004年左右起，蘋果公司的iPod®產品線在全球MP3播放器的市場就占了約75%。這份成功有一部分是出於公司想保護專屬設計的心態，但其實蘋果結合了設計、軟體及對消費者使用音樂的了解，如此的獨創之舉才是促使產品成功的原因。記得，iPod®既不是第一台MP3播放器，也不是最划算的選擇。

一個關於專業化能力的絕佳例子，可見於亞當·薩克里夫（Adam Sutcliffe）的故事。薩克里夫採用獨特的方式，將

以人為本的構想和洞見，與臨床環境中的手部衛生挑戰相結合，促使他的創新誕生，也就是Orbel®。

　　薩克里夫利用這項尖端技術，開發出為手部消毒的方法，而這個方法仰賴的就是大家都會在自己的衣服上擦手的直覺反應。Orbel™會固定在衣服上，正好就在手自然垂放的位置，這麼一來，想擦手的本能反應，就變成是在清潔雙手，而不是將更多病菌轉移到手上。你可以在本書網站「離題一下」單元的「人性化設計與Orbel」（Human Design and Orbel）中，讀到更多關於薩克里夫和Orbel的故事。

● 難以複製

　　有些資源難以複製或模仿。商業機密，像是可口可樂（Coca Cola®）的配方，能創造他人難以模仿的長期資源價值。然而，在多數情況下，難以複製的資源都是由於時間或經驗上的累積，才具有優勢。像這樣的資源，傳統上還是可以在獨特的製造組態或製程中找到，在技藝純熟的勞動技能、組織文化和關係管理中也能看到。

● 罕見

　　有些資源就是很罕見。物以稀為貴，不過在商業模式中，稀少的資源指的可以是資產、不尋常的知識和獨特的能力。一家醫院可能會投資精密的成像設備，例如核磁共振造影（magnetic resonance imaging, MRI）掃描儀。如果同一個區域內的其他醫院或診所沒有功能比得上的儀器，這項罕見

資源就會是醫院在經營方面具有價值的一環。當然，醫院得要有受過訓練的技術人員來操作掃描儀，也要有能解讀掃描結果的醫師才行。罕見資源與其他專業化（以及有時罕見的）資源相結合時，通常才最具有價值。

許多新創科技公司都仰賴關鍵發明者在科學或工程方面的專業技能。細胞物流公司的情況正是如此。全球只有少數人具備如何培養與製造該公司專屬的生物材料這方面知識和專業技能，科技創新家艾瑞克‧施穆克博士是其中之一。

罕見也可以指相較之下的結果。就醫院配備核磁共振造影掃描儀的例子來看，罕見的情形是因為當地的核磁共振造影掃描儀很稀少，並不是全球各地的核磁共振造影掃描儀都很少見。全世界還有其他核磁共振造影掃描儀，病人只要走得夠遠，就能享有核磁共振造影掃描檢查的服務。此外，醫院可能也管不了其他設施機構是不是要購買核磁共振造影掃描儀這項科技。

這一點可能也適用於細胞物流公司。基本的細胞培養和製造技術並不獨特，其他人也可以培養出這種材料。對細胞物流公司來說，製程之所以罕見，是因為沒有其他人這樣嘗試過。為了維持這項資源的罕見特性，施穆克博士將會需要繼續加深學識並精進技能，或是將他投注在資源上的努力，轉移到其他目前仍屬罕見的製程或能力上。

你不需要找到專門的新創公司，也能體會罕見和內隱能力的力量。許多知名大型企業經常運用驚人的人力技能。在汽車業中，豐田（Toyota）和凌志（Lexus）的全面品質管

理（total quality management, TQM）和六標準差（Six Sigma）品質系統領先全球。雖然全面品質管理系統經常強調自動化和製造設計，但累積了豐富經驗的人爲判斷依然具有一席之地。2015年，凌志在肯塔基州開設了製造廠，作業員都要受訓，學習徒手用手指找出缺陷。這個與能力有關的例子橫跨到了「無形」資源的類別當中。這類能力可以經由實例和經驗訓練而成，但無法透過手冊或其他傳統品質訓練的工具而習得。作業員跟隨專家學習，將客觀資訊和主觀感覺結合在一起。

● 寶貴

有些資源就是比其他資源來得有價值。如果你經營的是一家以抽成爲主的旅行商店，店內的一些實體資產會對銷售有幫助。異國風景照片和紀念品、遊輪模型、來自滿意顧客的心得感言，全都會讓店家經營的事業相當具有說服力。電腦設備以及能快速連上網路，也許更重要，因爲顧客會想看到當前的定價、包廂選項、天氣和航班的即時資訊。

然而，最寶貴的技巧，可能終究是與潛在顧客交談的銷售員的銷售能力。這名銷售員有多博學多聞？可以一邊持續吸引顧客注意，一邊查詢價格和選項嗎？可以說服顧客考慮加購品或升級方案嗎？顧客在付了頭期款之後，是覺得興奮還是感到擔憂？所謂的「產品」可能包括了針對食物、住宿、交通的各種安排，但最具有價值的銷售員販售的是一種經驗，顧客甚至在假期開始前就能有所體驗了。結論就是，有價值的資源是實際可行產品與服務的基石。

用爛產品是沒辦法生出商業模式的。

——提姆·歐尼爾（Tim O'Neill）

　　只有相當少的資源會符合所有SHaRP的特性。資源愈具
有SHaRP的特性，就愈有價值。記得，資源是根據組織本身
的性質來進行評估。對汽水罐公司來說，鋁就只是商品的原
材料而已；而對航空公司來說，不同等級的特製鋁材，可能
代表著一具飛行器飛不飛得起來的差異。表5.2呈現了一種
資源（資訊科技）的各種變化，顯示在一個特定的商業模式
中，相關資源如何提供不同的價值。

表 5.2：服飾專賣店的 SHaRP 資源

	專業化	難以複製	罕見	寶貴
條碼掃描器				
懂流行的買家	X	X	X	X
社群媒體行銷人	X			X
高階服飾品牌		X		X
常客名冊				X
絕佳地段			X	X

　　來看看格瑞茲公司（Graze）的實例：這家英美最大的零食宅配公司會寄送一個「體驗箱」（discovery box）給顧客，讓他們試試公司精心挑選的客製化健康零食。你也可以看一下好鮮（Hello Fresh），這家提供餐點外送服務的國際公司，在西歐和北美多國，以及澳洲都有營運據點。

　　這兩家公司都打破了食品連鎖產業的傳統，也重塑了消費行為。表面上看起來，它們的商業模式似乎頗為簡單：推銷客製化食品、透過社群媒體和行銷獲得顧客、配送客製化產品。但更進一步了解後，你就會開始研究要讓這個商業模式可持續運作所需的資源，因為其他採用線上訂購模式者都失敗了。

　　你必須進行垂直整合，才能取得食材、製作食品、直接銷售產品給最終消費者，中間得繞過食品零售商，同時還要

控制價格。接著，你必須擅於處理複雜的經營程序，包含預定食品的製程和包裝，以及為了滿足顧客而必須進行的設計、策畫和打造流程。最後，你需要具備深度學習能力的人工智慧平台，可以根據顧客的偏好，以幾乎同步的方式，連結、訂製和調整產品。這些就是SHaRP資源，確保生意能繼續做下去的資源！

在商業模式中運用並建立資源

優異的商業模式不只會利用資源。單純使用資源就好比一支足球隊，只雇用球員來踢一場比賽，隨意分配他們的位置，直到終場哨聲響起時，就放他們走了。

優秀的運動隊伍會吸收並培養有天賦的選手，讓他們發揮專業的技巧和能力，在比賽中獲勝，同時也會從經驗中學習，更進一步發展人才庫和隊伍特色。致勝的商業模式也是以同樣的方式運作。可充分運用關鍵資源並發揮其功效的商業模式，同時也應該建立並發展這些資源，讓商業模式隨著時間更加發揮效用。

有些商業模式看起來很不錯，是因為具有可快速利用的SHaRP資源。可快速致富的方法能帶來收益和利潤，但鮮少能長久維持下去。創造一個永續的商業模式，取決於資源是否能更新或發展。

如何運用和建立商業模式的資源結構，你可以提出三個關鍵問題。記住，比較好的作法，是對商業模式資源的狀態保持誠實客觀的態度。你的目標是要改善整體的商業模式，而不是假裝一切都沒事。此外，如果你完成商業模式分析（包括商業模式中的交易、價值、敘事一致性），也許就會發現自己能更明確地回答以下這些問題。

問題1：商業模式是否往往會耗盡，還是會增進組織中的資源和能力？

有些商業模式天生就是會耗盡組織的根本資源基礎。大部分的製造、庫存銷貨和服務商業模式，本身就帶有消耗既有資源的特性。製造設備終究會損壞，需要修理或更換；製造業的員工會達到最有效率的水準，然後終究會退休，不然就是離職；服務性組織所仰賴的員工，常因為總是要執行相同的流程，而心生不滿。我們也都很清楚，技術一旦過時就會被淘汰的艱難挑戰。

在少數幾種類型的組織中，資源結構會有所成長，但不需要直接投入大量心力。比方說，高品質的葡萄酒可能會隨著時間愈久，變得愈有價值。當然，前提是在貯藏之前，要先花費大量心力做好準備。不過，我們還是想像得出，有一種購買高品質葡萄酒的生意，純粹只是為了貯藏酒，未來再以更高的價格賣出。你想得到有哪個商業模式，是能自動為人力資源的價值增值的嗎？

多數組織必須費盡心力，才能持續建立資源結構，並為

其注入活力。他們會針對培訓、招募、維修和實體資產管理進行投資。

你在任何產業的成功組織身上，都能找到建立和運用實體資產的價值，不論領域有多專業都一樣。你可能不清楚什麼是「魔法風雲會」（Magic: The Gathering），不過，這種奇幻卡牌的戰略遊戲目前在全球各地約有兩千萬名玩家，現隸屬孩之寶（Hasbro）的威世智公司（Wizards of the Coast），負責開發與獨家發行魔法風雲會的新卡片。

有一個健全的次級市場可提供二手卡片進行交易，特別是不再生產或只出現在官方巡迴賽事的稀有卡片。最珍貴的卡片常常以逾一萬美元的金額售出。目前，罕見卡片有上萬張。知道哪些卡片很珍貴，還可以評估卡牌的品質，具備這種能力的人現在已經很少見了，尤其是現有卡片的數量每年都會增加。

丹‧柏克（Dan Bock，在此公開透露：丹是作者亞當‧柏克的兄弟）是九大遊戲公司（PowerNine Games）的創辦人兼負責人，這家公司專門交易次級市場的魔法風雲會卡牌。九大遊戲公司設在eBay網站上的帳戶，就有超過兩萬五千場的拍賣正在進行。丹‧柏克曾受eBay和其他轉售者之邀，請他運用自己在魔法風雲會卡片的獨特解析能力，辨識出偽造卡片。時間一久，丹‧柏克在國際間建立起聲譽，以他對魔法風雲會卡牌的了解與辨識價值多寡的專業能力而聞名。

九大遊戲公司的商業模式始於大量購買卡牌，通常一次就是上萬張。接著，公司會打散這些卡牌，在eBay網站上轉

售。這個程序不斷地反覆進行，持續提升九大遊戲公司的專業能力，確保丹和他的團隊依然是全世界在這塊高度專業化領域中，相關知識最為豐富的一群人。

問題 2：商業模式會增加還是減少組織合作關係和這些資源的價值？

一般有缺陷的商業模式，其整個系統的運作方式，是藉由從商業合作夥伴和協作者身上竊取的價值，來創造價值。

在網際網路泡沫期間，數百家創投企業開始嘗試利用網路，直接與供應商和顧客接觸，避開既有的經銷系統。這個流程稱為「去中介化」（disintermediation）。去中介化的關鍵基本假設是：(1)現存的經銷系統缺乏效率；(2)協助購買決策的必要資訊，能以有效的方式蒐集和散播；(3)獨立的第三方最適合用來創造必要的基礎設施，還能以更有效的手段獲得報酬。

FoodUSA.com（請見第一章）就是去中介化失敗的例子。它從食品代理商那裡榨取價值，同時也威脅著將會對大型食品製造公司帶來衝擊。理論上，FoodUSA.com可能會為該產業的參與者增加價值。例如，這套制度也許能讓加工肉品更有效地進行定價，使生產者可以針對更高品質的產品訂定更高的價格。這種情形很可能演變成可瓜分的利益增加，這時，所有參與者往往都能受益。結果，如同多數去中介化的案例，這個過程威脅著將把利潤從最有權有勢的參與者，轉移到最無權無勢的參與者身上。像這樣的去中介化要成功，

是非常罕見的事。

很多時候，組織的資源結構會受益於看似與組織創造價
值無關的活動。不過，這些活動可能難以察覺。組織可能只
有在長期運作後，才會看到這類活動帶來的好處；而要獲得
這些好處，可能只有透過其他組織的行動或不受組織所干預
的流程，才有辦法。

一個不尋常的實例可見於邦聯機車公司（Confederate
Motorcycles）。邦聯機車公司在紐奧良以手工打造高檔的超
級機車。這些機車不是訂製的；這家公司會設計一輛機車，
然後根據這個車款，以手工製作限量的機車（通常少於一百
輛）。根據設計和數量上的不同，顧客為了要買下一輛邦聯的
機車，出的錢可能介於五萬至十萬歐元之間。

邦聯機車的目標顧客都是極其富有的收藏家。許多人會
把機車停放在室內，將之視為博物館館藏。有些人會騎上
路，但絕對不會飆車。不過，邦聯機車公司每年都會帶一輛
機車，前往美國猶他州的鹽灘，試著用他們的高檔機車創下
陸上極速紀錄。為什麼呢？

前往猶他州鹽灘競速，可藉此發展與設計和製造有關的
公司內部能力，建立公司的資源結構。而這項舉動也能美化
並具體呈現最初吸引超富有顧客的想像，進而打造出公司的
無形資源。請前往本書網站，閱讀「離題一下」單元的「在

博納維爾鹽灘的邦聯機車」（Confederate Motorcycles at the Salt Flats），更進一步了解邦聯機車的故事。

影片資源

邦聯機車是一家專門生產少量、高性能機車的製造商。請觀看該公司與創辦人麥特・錢伯斯（Matt Chambers）的相關影片。影片中提到了哪些商業模式要素，特別是在資源的部分？試著想像你如何使用那些驅策著麥特・錢伯斯和邦聯機車員工的心態和理念，重新打造你的組織。

　　你可以從邦聯機車的故事中學到什麼？成功的商業模式可以既不尋常又出人意表。你在創造和改變商業模式時，請試著保持開放的心胸；最出色的商業模式，可能需要的是你先前從未考慮過的不同觀點。

重點回顧

● 多數商業模式分析會從資源的面向開始著手。

● 構成可持續運作商業模式的資源，會具有SHaRP
的特性：專業化、難以複製、罕見、寶貴。

● 優異的商業模式會發展並運用組織資源，而非耗
盡資源。

商業模式中的交易

> 當你在控告顧客時，就知道自己的商業模式壞掉了。
>
> ——保羅·葛雷姆（Paul Graham）
>
> Viaweb公司與 Y Combinator公司的共同創辦人

商業模式中，沒有哪個部分比交易更混亂不清了。

有關商業模式的早期學術研究聚焦在交易上。先前已經探討過，純粹以交易做爲主導的商業模式會極爲強大。但無論如何，這種商業模式已經被更實務導向的方法所取代了。你可以在本書網站「離題一下」單元的「以交易爲主的商業模式」（Transaction-Based Business Models），深入了解這個議題。

交易將資源連結在一起

商業模式金字塔的第二面是以交易爲基礎的面向。交易

是連結的樞紐，負責在價值創造的過程中，連接、結合和交換資源。這些交易有時顯而易見，有時則相當難以察覺或甚至隱藏了蹤跡。

商業模式創新和商業模式破壞最為人所知的例子，都是建立在大幅改變商業模式的交易結構上。採用與眾不同的手段處理交易，因而帶來打破產業傳統的商業模式創新，eBay公司、價格線上公司、谷歌公司的AdSense收益模式、iTunes®、阿里巴巴集團都是實例。

如圖6.1所示，任何商業模式中都有三種類型的交易。內部交易完全發生在組織內，連結起公司內部的人、團隊、系統或上述的任一組合。外部交易則完全發生在組織外，但會連結到組織的價值創造過程，或是與這個過程有關。

跨界交易聽起來可能很奇特，但事實上，這種交易是最

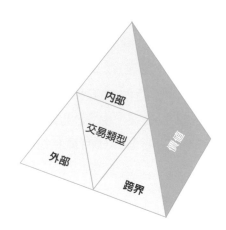

圖6.1：商業模式的交易面向

為人熟悉的交易類型。跨界交易將組織內的某個部分和組織外的某個部分連結在一起。這些交易跨越了組織與外部環境之間的分界線。

內部交易

你可能不曾這麼想過，但絕大多數的組織交易都屬於內部交易。經理人常常專注在與外部人士的交易，比方像是客戶、合作夥伴、供應商，甚至是競爭對手。而實際情況是，每個組織活動或流程都是一項交易，都是一種連接或結合內部資源的方式。內部交易包括雇員、製造和會議等。

這種觀點將帶來一項挑戰：哪些交易對商業模式分析來說才是關鍵所在？精明經理人會注重的內部資源，至少都符合三項標準中的兩項：必要性、高度特殊性、差異性。

必要交易看起來一目了然。組織想必只會利用必要的內部交易吧？

不必要的內部交易包括做白工和無用的活動。我們希望前者多半是指員工較不敬業，以及人力資源政策不佳。然而，後者通常都與無效的商業模式有直接關係。

隨著組織成長、變遷,曾經重要的活動可能會變得過時。有些組織活動可能出於好意而誕生,實際上卻是無關緊要的瞎忙一場。不論哪一種,只要牽涉其中的特定人士或團隊被開除,這類交易所產生的結果往往就會隨之終結。

如果你要辨識並獨立出與無效商業模式有關的內部交易,那就提出一個問題:組織有哪個部分利用了交易或活動產生的結果?答案若是「沒有」的話,就很有可能是白費工夫的內部交易了。

我們曾和一個深受這個問題所困擾的非營利基金會合作。他們有一名受過簿記軟體訓練的志工突然離開了基金會。其中一位行政人員開始用Excel軟體記帳,因為她不知道要怎麼使用簿記軟體。最終,新來的出納員把所有交易都轉入會計軟體當中。不過,那位行政人員還是把資料匯出至Excel軟體,以便製作定期的財務報表。基金會的董事都收到這些財報,卻沒有使用,因為這些報表不是標準的格式,也

未必與簿記軟體的結果相符。換句話說，這項內部交易所產生的結果是個死胡同。

有效且獨特的內部交易，會讓組織與競爭對手顯現出差異。在多數組織中，符合這種要求的內部交易屈指可數。記得，這些還是內部交易，所以必須透過其他價值創造的活動，才能獲得差異化的效果。你的組織內部有採取什麼與眾不同的作法，足以創造顧客或合作夥伴眼中的特別機會嗎？

一個利用內部交易的絕佳例子，可見於九大遊戲公司。員工訓練是該公司的一個關鍵內部交易活動：使用時間的機會成本，換取技能的養成。在九大遊戲公司，領導團隊會訓練新進員工，以不同於多數其他魔法風雲會卡片交易商和賣家的方式，購買二手卡片收藏品。

這個產業中的大部分小型公司都有一張卡牌的「購買清單」，列出他們願意以現金買下的卡片。這張清單簡化了他們的交易，也讓每筆交易都維持低成本。不過，九大遊戲的創辦人丹·柏克意識到，許多卡片賣家都想在單筆交易中，賣出一整堆收藏品。每個人都知道，這些卡牌幾乎沒有什麼價值可言，但賣家可能會擁有上千張這種幾乎沒有價值的卡片，不賣掉的話，很可能就直接扔了。

因此，丹·柏克訓練員工，對任何卡牌出價。九大遊戲不會只因為賣家最有價值的卡片沒有列在公司的「購買清單」上，就錯失任何收購卡牌的機會。這種交易方式也保證，在任何展覽或活動中，幾乎每一位賣家都會在銷售期間和九大遊戲公司洽談。這大大提高了賣家未來會再次和九大遊戲洽

談的機會。

丹・柏克很清楚，最有可能成為顧客的，就是過去曾經是顧客的人。當某個業界參與者想把收藏品變現時，讓九大遊戲公司與眾不同的員工訓練內部交易，就會在此時此刻顯現其重要性。

最後一個特性是交易的特殊性。有些內部交易可以藉由多種方式完成。就剛才的非營利基金會案例來看，財務資料可以源自於各式各樣的簿記系統，並用各種方式向董事會傳達（像是電子檔案、紙本文件、投影片、口頭摘要）。整個簿記程序也可以外包給外部的服務業者。換言之，基金會的記帳活動很重要，但對基金會的商業模式來說，並不具有特殊性或差異化的功能。

學習單 6.2

重要的內部交易

學習單6.2是根據學習單6.1的分析建立而成。請找出二十個內部交易，並一一核對，是否符合「三項標準中的兩項」原則。

在你的商業模式分析中，有多少交易是應該要處理的？對多數的小型和中型組織而言，你很有可能會發現目前已經聚焦在十個以下的內部交易了。如果你手邊還有十個以上的交易（或反過來，少於五

個），那也沒關係，花點時間思考，這對你的商業模式來說代表什麼。這可能意味著你的組織需要更複雜的商業模式分析、你的組織同時具有多個商業模式，或許你的組織正處於商業模式變革的時期。

跨界交易

在商業模式中，跨界交易（boundary-spanning transaction, BST）是一切真正發生的所在之處。跨界交易將組織與顧客、合作夥伴、競爭同業、任何組織或公司以外的個體，連結在一起。公司使用並運用內部資源來創造價值，再發展並利用跨界交易來獲取這個價值。

基本的跨界交易包含了向顧客銷售產品，或向供應商購買原料。欲掌握商業模式的精髓，你需要用更精明的手段來處理跨界交易。

如果你想評估、修正或翻新商業模式，卻不知道該從何處著手，那就從跨界交易開始進行吧。你非常有可能在跨界交易中找到最顯著的爭議、問題或機會。

最常與跨界交易有關的對象，是供應商和顧客。價值鏈分析（value chain analysis）主要聚焦在生產的投入與產出，這些跨界交易則是其餘的部分。實際來看，多數公司擁有遠比上述類型更多的跨界交易，不過許多都不具有差異化的特色。

對許多比較有年代的公司和家族企業來說，這是一個關鍵挑戰。在傳統架構中，小型事業和銀行的關係很密切，這種關係通常是奠基於和某個特定銀行員的人際互動。像這樣的關係都代表著公司的重要跨界交易，尤其是當公司急需融資的時候。

現今，銀行業務的服務大幅商業化。像是小型企業貸款的程序，一般都取決於金融機構內的高度標準化審查。換句話說，對多數小型企業而言，由於可以從眾多金融機構獲得核心服務，金融跨界交易已經變成商業模式中較不關鍵的部分了。

另一方面，行銷、經銷和服務通路的重要性都大幅提升。即時傳達訊息，特別是透過線上系統，為小型企業創造了機會，也帶來挑戰。藉著大型零售商之手販售消費品，像是連鎖大超市阿斯達（ASDA）、特易購（Tesco）等，可以獲得驚人的規模經濟，但同時也需要公司能滿足零售商在營運和資訊上的要求。透過線上網站經銷，像是阿里巴巴、亞馬遜或eBay，有機會得到類似的規模經濟效果，但同時也需要公司採用資訊豐富且以服務為導向的方式，與顧客互動。

在企業對企業的供應鏈中，也能看見類似的效應，不論是資訊傳遞或企業資源規畫軟體，都能讓公司與其種種協作對象和合作夥伴，建立深入且成熟的關係。你可以在本書網站「離題一下」單元的「資訊科技業中的跨界交易」（BSTs in the IT Sector）中，看到更多關於跨界交易的實例。

　　一項可以讓你更了解交易結構的強大工具，就是顧客旅
程地圖（customer journey map）。探索顧客與組織的所有互
動，會是令人大開眼界的體驗，並讓你開始以全新方式思考
商業模式。只要改變顧客的定義，顧客旅程地圖幾乎可以用
於任何交易。畢竟，在你與供應商的交易中，你的組織就是
顧客本身。如果是協作的合作關係，嚴格來說，雙方都是顧
客。

　　新加坡星展銀行（DBS Group）所提供的實例，就是傳
統銀行藉由融入亞洲步調快速的商業文化，才能轉型為全球
最佳的數位銀行。星展銀行特別把重點放在顧客旅程，才能
重新將自身視為擁有兩萬兩千人的新創公司。每個資深管理

團隊的成員都得參與顧客旅程，以便了解顧客的體驗，並找出方法來改革服務，這麼一來，就能在顧客購買某項服務之前，早一步與顧客無縫進行互動。

比方說，星展銀行推出了DBS Home Connect™應用程式。它為消費者提供房屋的購買紀錄，和其他特定地點的資訊，像是到交通運輸系統和購物設施的距離。這個應用程式讓星展銀行在顧客決定申請貸款之前，就已經是顧客旅程中的一環了。星展在零售銀行業務和財富管理的顧客旅程中，也出現了類似的轉變，意味著他們利用金融科技手段，將沒有人情味的傳統銀行業務變成「銀行業務樂事」。到了2016年，星展便開始榮獲「亞洲最佳銀行」和「怡安翰威特（Aon Hewitt）亞洲最佳雇主」的讚譽。

影片資源

你可以在影片中看到星展銀行執行長高博德（Piyush Gupta）如何看待銀行業的轉型。

外部交易

外部交易完全發生在組織之外。這些交易會讓人、團體和實體建立起關係，而他們則以各種方式與你的組織連結在一起。然而，這些交易有時隱藏得太好，或太難以察覺，以至於經理人可能不會意識到它們在可持續運作商業模式中所扮演的角色。

看看以下的例子。當你用合法管道購買一首數位歌曲或一張專輯時，便會付費給經銷商（例如蘋果公司）。如果你是透過串流服務聽一首歌或一張專輯，則是間接付費給經銷商（例如Spotify），這筆費用可能是訂閱費用的一部分，或是以聽廣告的方式換取免費聽音樂。像蘋果和Spotify等公司，都與主要音樂發行公司（例如索尼和BMG）簽署了各種授權協議，得以共享從這些購買中獲得的收益。音樂發行商則與音樂家和樂團建立關係。Spotify的商業模式仰賴這些關係，儘管公司本身和大部分的藝人並沒有什麼接觸。從藝人或發行商的角度來看，你買音樂的舉動嚴格上來說屬於外部交易，因為購買行為發生在他們的組織和控制之外。

你組織的商業模式有哪些關鍵外部交易呢？你有很高的機率會辨識出數千種交易，特別是當你完整爬梳過每一項交易的時候。不過，多數交易對於組織的存續力來說都無關緊要。

舉例來說，我們在教授大學課程時，都靠著電子郵件和學生聯絡。每一封電子郵件所牽扯的交易、人、系統、

組織之數量，很快就會超出合理的估計值了。但對大學的商業模式來說，這些交易既不特殊，也不是無法取代。你可以在本書網站「離題一下」單元的「外部交易」（External Transactions），找到更多關於外部交易的例子。

不幸的是，要找出對組織來說最重要的外部交易，並沒有簡單又一致的辦法。你愈熟悉商業模式分析，可能會發現要找出這種交易的過程變得更容易了。

學習單 6.4

外部交易

請下載網站上的學習單 6.4。本學習單將提供有用的指南，讓你可以試著找出重要的外部交易。

交易會塑造價值創造

資源會決定組織創造的價值；交易則會塑造組織可以獲取的價值。獲取價值通常比創造價值要來得更困難。許多創業家很清楚自己想提供什麼給市場，不論這是一項實體產品或是一種無形服務。但只是創造出某種具有價值的東西，並不代表組織真的可以從中獲取價值。

事實上，有些創業家創造了價值，然後讓其他個體或組織獲取這份價值。美國的克雷格列表（Craigslist）網站透過線上分類廣告平台，創造出驚人的價值，但只有非常特定類型的廣告，才能讓網站獲取價值（例如舊金山和紐約的公寓廣告）。該平台創造的價值要透過使用者張貼或回覆其他地區其他廣告內容的人，才得以獲取（或變現）。上述情形幾乎也能套用在桉樹（Gumtree）網站上，而這個網站於2005年由eBay公司收購。

　　許多新創公司，特別是身處傳統產業卻具有創新技術的公司，都想盡辦法獲取他們可以創造的價值。在《跨越鴻溝》（*Crossing the Chasm*）一書中，傑佛瑞‧墨爾（Geoffrey Moore）描述了把創新產品銷入主流市場的挑戰。這是多數創業公司所面臨的挑戰，但對傳統產業中的創新產品來說，通常更具有挑戰性。傳統產業的市場都很成熟，可能只有少數，或者根本沒有創新或早期採用者這類的顧客。新創公司和尚未證明實力的新公司，都面臨著交易遭到產業支配的問題。組織只具有一點或根本沒有可信度，而得罪目標顧客則要付出信任和承諾的高昂代價。如果產品或服務出了問題，顧客沒有什麼求償方法，因為新創公司的選擇有限。多數新創公司並沒有可以提供高水準顧客支援的資源。假如產品或服務失敗的話，顧客的損失很可能不會獲得任何補償。

　　如何面對這些挑戰的絕佳實例，可見於普拉米斯（Plumis, www.plumis.com）和阿克提卡（Arctica）兩家公司的相似故事。普拉米斯和阿克提卡其實是姊妹公司，兩個組

織都是透過倫敦帝國學院（Imperial College London）和皇家藝術學院（Royal College of Art）之間的設計倫敦（Design London）合作關係而誕生。兩者都納入了工程和設計的研究，並由創業學生主導。最重要的是，兩家公司都是帶著極為創新的技術，進入非常成熟的傳統產業。

普拉米斯公司所商業化的是一套新穎的水霧滅火系統；阿克提卡公司所商業化的則是一套新穎的低功率空調系統。消防產業和暖通空調（HVAC）產業幾乎都由大型老牌公司一手掌控。普拉米斯公司和阿克提卡公司打造了示範專案，強調各自的創新將如何解決未滿足的顧客需求。但無論哪一個，在銷售上都未能取得進展。

阿克提卡的團隊認為，進入市場和等待公司成長會過於費時，便和環保工程公司Monodraught協商收購事宜。這讓阿克提卡公司的創辦人有機會可以朝其他的創新和商機繼續發展。普拉米斯的團隊則決定單打獨鬥。他們順利跨越各種管制和產業的障礙，在市場中提供自動噴水產品。兩者創新的價值創造差不多，不過，後者花了五年的時間，才建立起必要的交易系統，以獲取為顧客創造的價值。究竟哪個選擇比較好，不是三言兩語就能定論的。普拉米斯公司和阿克提卡公司分別走上不同的道路，並得到了不同的成果。

最終，交易不只會促成也會限制價值創造。記得，價值獲取不單純只是收益而已。價值可能包含了資訊、正面情感、品牌識別（brand identity）、信任等。你的組織是不是創造了大量價值，卻沒有獲取呢？那麼跨界交易就是適合你著

手處理的地方。最應該從組織創造的價值受惠的是誰？你的組織是如何與這些受益人建立關係的？

設計商業模式中的交易

一般來說，以交易為主的商業模式最不為人所了解。然而，多數商業模式創新或商業模式破壞的知名實例，往往都是交易結構中出現了改變。

商業模式創新可以是商業模式構成要素有任何改變，或是構成要素的結合方式有所變化。不過，重大破壞的情形通常都會反映出交易上的改變。

蘋果公司之所以能在MP3下載大戰中勝出，是因為與主要音樂發行商建立了關係，並打造了合法的經銷通路，而不是因為公司自行生成新的音樂內容，或變成一家音樂發行商。價格線上公司沒有興建飯店，而是提供了訂飯店房間的新穎交易模式。

評估商業模式中的交易，是很重要的第一步。不過，設計或重新設計交易本身，通常更具有挑戰性。好消息是，只要你有了實戰演練的經驗，下次很有可能更有餘裕。

不幸的是，在重新設計商業模式交易方面，並沒有保證一定會成功的工具。各種商業設計系統，像是商業程序重組和全面品質管理（六標準差），以及活動分析、及時系統的基本原則，都能幫得上忙。然而，這些工具主要強調的是內部

流程，注重的是效率而非創新。

　　對大部分的組織來說，採用暴力破解法也不太可能會有幫助。無止盡列出公司交易的清單，大概無法針對新的或經過改善的交易系統，提出清楚並具有說服力的深刻見解。

　　完成一個或多個商業模式圖的繪製活動（第九至第十二章），也許就足以（重新）設計你的商業模式交易結構了。然而，如果你發現自己的商業模式圖，在資源和價值創新方面具有穩固基礎，交易方面卻相當平淡無奇，恐怕就需要一些額外介入了。我們建議，處理這個重大難題，請按照接下來的三步驟程序進行。

步驟 1：繪製交易模式

　　一個好的開始，就是使用你覺得畫起來順手的任何一種圖表，來繪製關鍵交易。流程圖、箱形與箭頭圖，或是任意的速寫圖，可能都很管用。先把你的組織畫在正中間，接著描繪出決定價值要如何獲取的關鍵交易。

　　有些畫起來很容易。是誰付錢給你？你又付錢給誰？還有哪些關鍵合作夥伴關係會促使你的組織執行日常活動？關於市場的關鍵資訊又是來自哪裡？有疑問的部分就先寫下來，之後隨時可以移動位置或劃掉。

　　心智圖可能在繪製交易結構時很管用。網路上有很多免費的心智圖繪製工具。用谷歌搜尋「online mind map」（線上心智圖），應該就會出現很多選擇，像是MindMup、

MindMeister、Coggle。我們一直鼓勵學生使用這些工具，成果也都很棒。

步驟 2：找出癥結點

現在你手邊有一張圖表（你確實畫了一張心智圖或示意圖，對吧？），就該來思考癥結點了。你的目標是要想出三至五項特定交易，這些交易在某種程度上限制著你的商業模式。你大概已經對某些交易有所懷疑了，現在該把它們化作白紙黑字的假設或直觀結果了。

在這之後，你可能會想提出以下的問題：

▷ 利用多數組織資源的是哪些資源？

▷ 有沒有哪些交易暗藏著治理政策，或是不清楚或不具體的治理政策？

▷ 重要交易之間是否有大量重疊的部分？是不是只有在其他交易失敗或無意間被疏忽的情況下，某些交易才會出現？

▷ 哪些交易通常需要大規模的監控或整治？

▷ 有沒有哪些交易可以去除，也不會直接影響價值創造或價值獲取？

步驟 3：探索不同的交易

先前也提到，設計新的交易結構、內容、治理方式，通常是商業模式（重新）設計中最爲困難的部分。如果你發現情況果眞如此，也別灰心！

有時候，當然會有交易的（重新）設計立刻吸引你的目光；有時候，你在仔細繪製和拆解線索的過程中，自然就會開始針對某些交易著手處理了。如果眞是如此，需要修正的部分就會變得一目了然。

一個交易（重新）設計的很棒例子，可見於恆庭套房飯店（Hampton Inn and Suites）所採用的滿意度調查。恆庭套房飯店是希爾頓飯店及渡假村公司（Hilton Hotels and Resorts Company）的旗下事業。恆庭套房飯店主要的根據地位於北美和歐洲，有兩千家以上的連鎖飯店，爲商務人士和家庭等目標顧客提供住宿。顧客在恆庭套房飯店留宿後，飯店都會鼓勵他們填寫線上問卷調查，以便了解客人的住宿經驗。調查問卷中有一個問題是：「您在住宿期間是否知道恆庭套房飯店的百分之百滿意保證？」如果要實際向顧客透露交易治理的方式，這會是很有效的辦法。而顧客填完問卷後，可能會出現的情形是，回報有問題的客人會把這種問卷調查視爲要求退款的機會，或是再次到恆庭套房飯店住宿的理由。不論是哪種情況，問卷調查都提供了顧客體驗不佳的補救措施，而滿意的顧客則很有可能認爲自己當初選對了。

交易重新設計

有時，交易設計的三步驟程序並不夠。想像自己改變特定的交易或整體的交易流程，確實很困難，尤其是當交易已經在組織中根深柢固，你也熟悉並習慣了，情況更是如此。

許多高階交易重新設計的手段，可以改變你如何看待與組織相關的交易。表6.1列出剛好一打的例子。

表6.1 高階交易（重新）設計的手段

去中介化	延伸
簡化	虛擬化
結合	拆解
外包	去除
揭露	隱藏
更新	納入

本書網站「離題一下」單元的「交易（重新）設計」（Transaction (re)Design）中，提供了關於這些手段的具體細節和指南說明。不管三步驟程序有沒有讓你在交易設計方面找到清楚的方向，這份列表都可以刺激你好好思考，如何利用新手段來整頓你的商業模式中的交易。每一個可能的手段都代表了一種方法，能改變你如何思考組織的交易。這就是你可以好好利用商業模式團隊專長和創意的絕佳機會。

重點回顧

- 商業模式的交易面向非常強大，也帶有一點挑戰性。

- 最激動人心的商業模式變革和創新，通常會牽涉到新穎的交易系統。

- 優異的商業模式會處理並解決內部交易、外部交易和跨界交易。

- 繪製地圖或圖表、找出癥結點、探索不同的可能性，都有助於交易的設計。

針對價值設計商業模式

許多新創公司……太早開始專注在商業模式上，尤其是哪些會成為公司收益的各種來源、哪些會成為銷售通路、哪些會是公司的成本，然後反而把「解決方案」這個棘手問題──他們是不是真的能找到有用、可用、可行的解決方案，解決目標顧客的問題──當作……之後有空再來處理的工作。

──馬帝・卡根（Marty Cagan）

矽谷產品團隊（Silicon Valley Product Group）

創辦人兼合夥人

企業策略的重點，就是與競爭同業比較後所顯現的價值。商業模式的重點則是絕對價值。可持續運作的商業模式會產生價值，就這麼簡單。

我們在談到商業模式的價值層面時，探討的是構成絕大部分組織活動基礎的深層機制和系統。組織之所以存在，是為了達成個體單打獨鬥時無法實現的目標。因此，我們必須

將商業模式價值的議題，視爲組織設計的成果。

設計在優異商業模式中所扮演的角色

在商業模式設計中，組織的構成要素會與彼此連結在一起。前幾章的鋪陳就是爲了以下這個重點：構成要素是資源，負責連結要素的則是交易。而組織的設計就是會產生有價值成果的邏輯或系統。

商業模式設計實際上由兩個部分構成。第一個是價值層面：商業模式如何創造和獲取價值。只要資源和交易確實符合需求且安排適當，設計自然就會創造價值。第二個則是商業模式敘事，第八章將會討論這個主題。

爲什麼要費心了解商業模式設計呢？大部分的創業家和經理人不會主動或刻意爲自己的組織設計商業模式。他們只是拚了命地埋頭苦幹！

多數商業模式確實都是在沒有正式設計規畫的情況下，出於需要才誕生。不過，研究商業模式的學者和從業人員的普遍共識是，有目的性的設計能協助確保商業模式達成原先預設的目標。換句話說，設計商業模式的流程，會提高組織創造眞正價值的可能性。

設計流程會讓人對各種商業模式細節有深刻的見解，而少了這道程序，你很可能會遺漏這些細節。商業模式資源之間有沒有綜效或衝突？交易的安排方式，是不是可以讓你從

資源中萃取最多的價值，並加以利用？

公司設計商業模式的流程本身，可自行創造巨大價值。
——拉法葉・阿米特教授，
華頓商學院（Wharton School of Business）

　　在擁有相同資源與交易的情況下，可能會產生一種可持
續運作的商業模式，也可能產生數十種、上百種或更多種的
商業模式。改變其中一個要素，可能的設計也會跟著改變。
　　在發展還不完全的市場和產業中，這一點的意義尤其重
大。對1990年代晚期和2000年代早期的多種資訊科技服務而
言，正是如此。對於像是人工智慧和再生醫療的產業來說，
依然是如此。在上述情況中，之所以無法找到最佳設計，是
因為所謂的最佳設計尚不存在。反觀，有效的商業模式設計
通常必須借助直覺才能打造，也必須使用實驗性方法才能測
試。
　　就商業模式設計思維來說，沒有什麼是固定不變的。假
如某個特定的商業模式要素或交易看起來會是問題，卻有其
必要性，就試著不把它納入考量，去探索其他可能的商業模
式設計。

找出利害關係人

商業模式設計的第一步，就是找出利害關係人。

利害關係人指的是與組織生產活動有利益關係的個體或組織。一般最常提到的利害關係人，就是顧客和投資人，員工勉強算得上是第三個。事實上，幾乎一定會有比這三者更多的利害關係人，你在第六章所做的交易示意圖應該會透露出這一點。此外，這些利害關係人之間的重要程度並非一成不變。

身為全球電子郵件行銷龍頭的回傳路徑公司（Return Path），是因為把利害關係人的重要性重新排序才成立的。回傳路徑公司明確認定員工才是公司的主要利害關係人。正如他們在「我們是誰」（Who We Are）的影片中所宣稱：「我們把顧客放在第二順位……因為我們把員工擺第一。」從回傳路徑公司成立的那一刻起，上述宣言就是其商業模式的核心理念。

創辦人兼執行長麥特・布倫伯格（Matt Blumberg）表示：「我不會經營一個自己不想為其效力的事業。」徹底重新安排利害關係人的優先順序，一直以來幾乎都在該公司成長和成功的每個層面上，扮演著驅動因素的角色。布倫伯格在部落格中，描述並探討這樣的重新排序舉動是如何塑造了公司的文化。弄清楚公司的文化以後，就能讓組織的其他核心價值顯現出來。

研究利害關係人，可以揭露重要的商業模式假設和預

期。你可以在本書網站「離題一下」單元的「資訊分享與價值設計」（Information-Sharing and Value Design），讀到更多關於資訊和價值設計的內容。

讓我們來看看，根據利害關係人的優先順序不同，商業模式可以怎樣進行大幅改造。米隆・利夫尼（Miron Livny）是全球公認的分散式運算專家。1988年，他開發了一套分散式資源的高通量（high-throughput）運算系統。這套系統現在稱為HTCondor™，包含了全球45萬台以上的主機（host）和3000個以上的集區（pool）。

利夫尼首次推出Condor系統時，有數不清的價值優先順序可以採用。比方說，他大可把自己視為主要利害關係人，再將軟體當作諮詢服務的基礎，或是成立新創公司，讓整套系統商業化。

結果，利夫尼反而把全世界都當成是他的利害關係人。在他看來，全世界對便宜資訊處理能力的需求日益成長。為了讓構想成真，利夫尼讓軟體繼續掛著進行中大學研究專案的名義，仰賴著開放原始碼架構。

他的「組織」之所以沒有獲利，是因為金錢收入都變成了獎學金和大學研究專案了。價值獲取的流程把金錢當作一個過渡步驟，而不是最終的衡量標準。你可以在本書網站「離題一下」單元的「Condor運算」（Condor Computing）中，讀到更多關於利夫尼和Condor系統的故事。

無形價值

無形價值的創造和獲取，經常是成功商業模式中一項關
鍵卻被忽略的要素。無形的資源、能力和價值，通常都比較
難以被競爭對手複製、取得或徵用。

表7.1是根據費南德茲、蒙特茲和瓦斯奎茲（Fernandez,
Montez and Vasquez）的研究，提供一種無形資源和價值的簡
單分類。為了強調無形資源和價值獲取之間的關係，表中的
分類方式已經過調整。

最具有影響力的一個商業模式設計活動，就是找出無形
和有形的價值來源。不論規模大小，絕大多數的企業都會將
無形價值納入商業模式當中。比方說，許多家族企業都會為
家族成員努力創造和維持待遇優渥的工作機會，有些家族企
業甚至會把這一點視為經營的主要目的。

表 7.1 無形的資源與價值

資源單位	類型	實例	價值創造	價值獲取
個體	人力資源	一般知識 專門知識	獨特的活動 與流程	服務溢價、 產品溢價
組織	組織資本	規範與規定 例行公事 文化 組織記憶	有效的活動 與流程	低員工流動 率、低營運 成本
組織	技術資本	智慧財產權 資料庫	資訊優勢	產品溢價、 顧客鎖定
組織	關係資本	聲譽 品牌 忠誠度 關係	低協調成本	長期關係

學習單 7.2

價值類型

請從本書網站下載學習單 7.2。仔細評估你的組織為所有利害關係人,所創造的各種價值類型。有多少是屬於有形價值?有多少是屬於無形價值?本學習單也許能幫你找出先前並不清楚的無形價值。

創造並獲取商業模式中的價值

最終，商業模式只有在能創造並獲取價值時才算成功。組織必須要將資源和交易中所蘊含的價值變現並獲取，才能夠獲益、存續及興盛。

現在你非常適合退一步、深呼吸，試著從一個非常高階的角度，來思考你的組織或企業。想一想下列的問題：

> ▷ 組織創造的價值是什麼？
> ▷ 這個價值的獲取方式是什麼？
> ▷ 如果這種創造或獲取的方式，不是你原先預設或是可以經過改良的，你需要改變什麼地方？
> ▷ 這是商業模式的問題，還是營運或實行上的問題？

這並不是說，組織必須把百分之百的潛在價值全部都創造出來，或是獲取百分之百的所有創造價值。事實上，許多組織刻意放任無效的價值創造或獲取存在。這些很明顯是無效的部分，也許會降低協調成本，或協助其他實體獲取價值，從長遠來看，終究還是會讓組織受益。

如果你到目前為止都有好好完成本書的各種活動和學習單，對於你的商業模式，大概早就已經想到許多可以改變的地方了。現在應該好好思考，這些改變能否改善價值創造和價值獲取。就像本書稍後會討論到的，唯一能確定行不行得通的方法，就是實際實驗看看。

針對價值進行設計

　　拉法葉・阿米特是全球研究商業模式的頂尖學者之一。他與聞名世界的創意設計公司IDEO合作，提出了商業模式的設計流程。由阿米特和IDEO建立的商業模式設計流程，可見於圖7.1。

　　所有實踐商業模式的行動，應該要能通向你想要的價值創造和獲取這個目標。如果你無法將商業模式創造流程與想要的價值創造和獲取連結在一起，那你的商業模式就有根本上的瑕疵。

觀察

　　若要針對價值來設計商業模式，得從觀察價值創造開始著手。目前正被創造的價值是什麼？可以創造出什麼價值？價值獲取或獨得的方式又是什麼？

　　如果要了解價值是如何真正為顧客創造出來的，一個有用的工具便是同理心設計（empathic design）。同理心設計是觀察人與組織如何實際使用你的產品，或是他們在沒有你的產品的情況下，實際會採取什麼行動。

圖7.1：阿米特和**IDEO**的商業模式設計流程

記住，只因為你的創新才剛推出，或甚至比早就在市場上的產品更好，不代表顧客就會自動買單。即使你的產品比較好，顧客選擇不買的原因也有很多種。

如果你的潛在顧客現在並沒有使用你的產品或服務，你就得去了解他們為何不用，以及背後的原因。一旦你觀察並了解到他們為何不用，離你想出要提供什麼讓他們不得不使用，就更進一步了。

綜合

綜合你所蒐集到的觀察資料，可能是相當易懂的步驟。在某些情況下，當前的消費行為相當符合你原先對產品的預期，以及一看就懂的商業模式。

一個很好的例子，就是位於美國威斯康辛州麥迪遜的一家小餐廳，叫作小籌碼餐館（Short Stack Eatery）。共同創辦人亞歷克斯‧林登梅爾（Alex Lindenmeyer）和史妮德‧麥克修（Sinead McHugh）觀察到，早餐餐點在麥迪遜市中心地區的餐廳大受歡迎。麥迪遜充斥著大學生和新開咖啡館的社群環境，創造出對非傳統餐點選項的需求。學生和其他來鬧區的觀光客，常常想在非早餐時段吃早餐的餐點。而解決方式就是：一家只提供早餐餐點的餐廳，從星期四早上7點到星期天晚上11點，連續營業88個小時。林登梅爾和麥克修將這個商業模式上的挑戰，從餐點選項的問題，轉換成人力資源的挑戰：把班表排滿，經營餐館連續88個小時。

就這個例子而言，問題和解決方法都很簡單易懂，儘管兩者都有點不尋常。

不是每個針對價值所打造的商業模式，都能根據顧客和使用者的觀察，如此簡單地設計出來。Orbel醫療公司的創新根基，就是結合了直接觀察到醫院內手部清潔的實際情形，以及根據人的行為發展而成的設計。創辦人薩克里夫接著才將產品的原型帶回醫院，看看醫生和護士會如何實際使用。試用過產品的醫護人員實在太喜歡了，還想把原型留下來不還給他！綜合了觀察、原型製作和資料蒐集後，結果顯示確實有這樣的需求。

產出

打造也許可行的商業模式，基本上就是一個需要創造力的流程。在某些情況下，這道程序會需要發展出非常詳盡且無所不包的地圖。在《獲利世代》一書中，亞歷山大・奧斯瓦爾德針對這個目標，提出了商業模式圖。我們將用整個第十一章，說明處於成長階段的公司如何使用商業模式圖。

不過，許多組織應該使用更簡單的工具和流程來創造商業模式，特別是在設計流程的早期階段。第九和第十章會提供適合上市前公司和新創公司使用的更簡易架構。彼得・威爾和麥可・維塔雷的《從實體到虛擬》，也提供了創造商業模式的出色架構，尤其適用於資訊科技和網路事業。

如果你真的是從零開始，那麼一個很有用的方法就是從

一張商業模式類型的簡略清單開始著手。你到處都找得到像這樣的各種清單，而內容較具全面性的版本，是埃森哲公司在商業模式剛被列入主流術語時所製作的清單。各式各樣的商業模式類型都依下列特性進行劃分：價格、便利性、商品增值、體驗、通路、中介化、信任、創新。每一大類都有數種商業模式範例。

我們不認為這種分類方式能納入所有可能的商業模式，也不認為其中描述的所有商業模式，必定都是獨一無二。但如果你才剛開始規畫商業模式，埃森哲的清單列表會是很好的起點。它也許能幫你找出可能適合的模式，並刪除不太可能適用的模式。

針對上述的分類法和關鍵的商業模式面向，有些看法應該要提出來談談。

首先，埃森哲報告中的絕大多數商業模式，主要都仰賴資源結構的強度。這一點應該不會太令人驚訝，因為這是最為人所熟悉的結構，在企業策略的領域中也發展得相當完善。第二，先前探討過，許多你可能認出的，誕生自網路革命的破壞式商業模式，都是以交易為主的商業模式。更近期的網路模式，像是「免費加值」（freemium）模式，甚至是「小費罐」（tip jar）模式，都可以當作是中介化模式或是信任模式，但它們主要還是聚焦在交易結構上。

最後，價值導向的商業模式是最罕見的類型。為什麼呢？因為商業模式中的價值，向來都是組織是否具備存續能力的必要因素。多數商業模式的價值創造機制，都已經過測

試了。而許多較新型的商業模式能否成功，決定性因素則仰賴專業化資源或交易的效率。只有少數商業模式會淡化資源和交易差異化的重要性，全靠與眾不同的價值結構來運作。我們認為，谷歌公司就是此例的最佳示範；你可以在本書網站「離題一下」單元的「谷歌公司」（Google）中，讀到更多相關內容。

學習單 7.3

思考商業模式類型

請前往本書網站，下載學習單 7.3。這份學習單不像其他大部分的學習單，它主要是供你參考。內容總結了埃森哲報告中的商業模式類型和範例，並點出哪些商業模式面向（資源、交易、價值）至關重要，哪種模式最像你經營或打算要成立的組織？清單上有沒有類似的模式，可能更適合你的組織？

微調

在這個商業計畫創造的階段，微調比較像是排除其他的可能性和選項，而不是讓所有細節一次到位。

先從找出你預設的暫定商業模式開始。如果你沒有從學習單 7.3 的商業模式中挑出一個，那就挑一個，或以一、兩句

話創造屬於自己的版本。

　　現在，你應該試著回答一組簡短版的問題，比較你剛才的選擇和其他類似的選項。完整的詳細問題列表，可見於學習單7.4。

　　用來微調商業模式的簡單問題如下：

1. 你的顧客如何形容他們從你的組織獲得的價值？
2. 是什麼價值創造的假設，讓你受困於目前的商業模式中？請至少寫下三項假設。如果你要為顧客創造更多價值，要如何改變或拋棄上述幾個假設？
3. 回想一下前兩章和本章關於資源、交易和價值的內容。回頭看看你的 SHaRP 資源分析、交易模式圖、有形和無形價值的清單列表。這些該如何結合在一起？

學習單7.4

微調商業模式草圖

請從本書網站下載學習單7.4，閱讀並回答內容詳盡的問題，調整手邊暫定的商業模式。請記得，一切都還未拍板定案，因此盡可能保持開放的心胸，並發揮創意。

實踐

　　針對價值來設計商業模式的最後一個步驟，當然就是要將設計付諸實行。逐步說明如何實踐商業模式的設計，超出了本書的範圍，原因有三個。首先，每個商業模式的實行方式都略微不同。第二，實踐商業模式設計，有很大一部分是取決於組織發展的階段，以及商業模式變革（而非創造）需要進行到哪個地步。最後，實踐必然會是具有彈性的流程，一定數量的實驗和調整都應該包含在內。

　　就現階段而言，請你先把下列的商業模式實踐接觸點（touchpoint）謹記在心：

> ▷ 清楚描述商業模式要素，有助於向組織參與者和變革推動者表達商業模式。
> ▷ 要讓（新的）商業模式就位，需要資源、交易、價值的結構與彼此互補。
> ▷ 我們的研究顯示，主導商業模式創新和變革的工作，最好由一人單獨進行，而不是由一個委員會或一個團隊負責。
> ▷ 實行（新的）商業模式會需要專注在組織的某些地方，而非其他部分；實踐的流程則會需要將某些職務委派給其他信任的實體或合作夥伴。

　　商業模式設計流程始於觀察，終於實踐。但這只是整個商業模式週期中的一步而已。如果你要成立新企業，或考慮

進行重大的商業模式變革，就很有可能在決定實踐之前，多次反覆進行這個流程。

商業模式設計鮮少是線性流程。針對商業模式價值的設計，需要創造力和彈性；針對商業模式價值的實踐，則需要在組織內將設計轉化為新活動的調適能力。

讀到這裡，你已經思考過SHaRP資源、畫了自家組織交易的地圖，也從多個角度仔細考慮過價值創造了。你已經磨練了與策略、營運、供應鏈管理相關的一般管理技巧。

不過，商業模式之所以如此引人注目的原因之一，是因為真正出色的商業模式不單單是營運活動和策略管理而已。下一章將會探討商業模式最富有挑戰性的面向：敘事。

重點回顧

- 優異的商業模式會同時處理有形和無形的價值。

- 價值必須創造與獲取才行。

- 價值的面向，呈現出資源和交易是如何在組織設計中與彼此連結。

敘事與商業模式的
故事觀點

完成商業模式和找出其中的關鍵部分僅僅是第一步，難的是讓它脫離「繪圖板」，變成有形之物，並具有可以持續運作下去的商業潛力，讓你周遭的人都能參與其中。

—— 保羅・霍布克拉夫特（Paul Hobcraft）

商業模式的獨特之處，在於它們需要敘事（narrative）。優異的商業模式會訴說前後一致、說服力十足，也能實行的故事。

創業家和經理人欣然接納商業模式，是因為商業模式訴諸他們的直覺感受。優異的商業模式可以快速清楚地向每個人傳達，包括組織內外的人皆然。可持續運作的商業模式必須合理：對於你、組織、顧客和使用者來說，都是如此。

問題是，大家之所以不讓常識派上用場，就是因為到處充斥著商業模式和哈佛商學院所傳授的知識。

—— 莫・伊布拉辛（Mo Ibrahim），Celtel 創辦人

本章將會探索商業模式敘事的能耐和陷阱，也會探討如果要用商業模式敘事，來讓組織要素和流程協調一致的話，你將會面臨什麼樣的具體挑戰。

商業模式敘事會連結起其他要素

商業模式的敘事手法之所以有用，原因很多。首先，商業模式本來就應能做為傳達交流之用。商業模式敘事可以協助確保組織的目標始終如一，而且與其他商業模式要素相容。第二，敘事是建立組織正當性（legitimacy）的重要工具。最後，商業模式敘事可用於改變組織的環境。

你可能會問：「為什麼商業模式分析不從敘事開始進行？為何不以敘事為中心，再打造資源、交易和價值？」

事實上，確實有很多創業家是從敘事開始著手。我們之所以放到最後才談，有兩個原因。首先，我們猜想，許多讀者本身早已在經營組織，因此，要從頭開始打造一個新的「故事」，可能會很困難或很棘手。第二，好的故事並不保證一定會有好的商業模式。如果你想更進一步思考這個議題，請見本書網站「離題一下」單元的「為什麼不從敘事開始著手？」（Why not start with narrative?）。

以下是敘事的一些絕佳實例，每個都打造出很有意思的商業模式：

▷ 在醫療保健的環境中，手部衛生是個重大問題。如果我能利用根深柢固的人類行為，來促使而非抑制一個人保持手部清潔呢？（Orbel）

▷ 預測鐵軌出現故障的資料需要定期更新，可以的話，更新頻率最好跟載重貨物列車行駛軌道的頻繁程度一樣。（MRail）

▷ 電子郵件的垃圾信讓所有人都受害，包括使用者和電子郵件行銷訊息的合法寄件人。寄垃圾信的人要更新和寄送垃圾電子郵件，幾乎不用花什麼工夫。與其試著把不斷變動的電子郵件用字和惡意寄件人列入黑名單，不如來打造一張列出已證實為合法寄件人的白名單。（回傳路徑公司）

敘事具有情節

商業模式本來就應能做為傳達交流之用；而人們在表達任何事情的時候，最有效的形式就是故事了。想一想，你最近和同事、朋友、家人都聊了些什麼。這些對話中有幾次曾講到故事？

故事是有效的表達工具，因為它靠的是一套各地都通用的構成元素和結構。我們不會深入探討文學評論或文化人類學的相關議題，不過會參考幾個敘事典範的關鍵要素。

敘事典範的其中一個要素，就是所有故事都能依一定數

量的情節，分成數種類型。一個有用卻具有爭議性的情節分類法，是由克里斯多福・布克（Christopher Booker）所提出。這個分法中的故事類型包括了「由貧致富」（Rags to Riches）、「旅程與回鄉」（Voyage and Return）、「進行任務」（The Quest）等。欲查看完整的分類列表，請看看本書網站「離題一下」單元的「布克的七種基本敘事」（Booker's 7 basic narratives）。

企業策略也是一種故事，不過本質上是個奮鬥史的故事，也就是公司要如何與敵手一較高下。換句話說，企業策略故事談的是怎麼打敗競爭對手。如果是布克的話，他可能會說這是「戰勝怪物」的故事。

相較之下，商業模式所訴說的故事，則是以精明手段運用資產和能力（資源），透過與其他各種實體的互動（交易），讓問題獲得解決（價值創造）。只要是商業模式，都能符合基本敘事的其中一種。

你的組織所採用的基本商業模式情節是什麼？當初組織為什麼會存在？組織隨著時間變化是如何成長的？你希望組織在未來兩、三年間能達到什麼成就？

敘事會創造正當性

商業模式敘事不只是連結起其他商業模式要素而已，它還提供了說服力十足的故事，讓公司的活動和目標，在外部關係人（像是顧客、競爭對手、合作夥伴）的眼中看起來具有正當性。這意味著內部和外部的利害關係人一致認為，組織的意圖和目標符合其所採取的行動。實際上，這就代表組織必須「說到做到」。

正當性會讓共享文化得以存在，共享文化指的是用於了解並評估在組織內真正發生之事的架構。商業模式敘事是建立正當性的最強大機制之一。它會建構出一個共享的故事，可以輕鬆向員工和經理傳達，也能讓他們容易理解，這一點最終也會適用在外部利害關係人的身上。

商業模式敘事會促使組織內部口徑達成一致。有效的商

業模式敘事，應該會讓組織內部的利害關係人也認為合理。當你和幾位重要員工分享敘事，他們在回應這個敘事時，應該會說出像是：「對，這就是我們組織的故事。」如果不是的話，你就有麻煩了。

回傳路徑公司就是內部敘事扮演要角的絕佳例子。回傳路徑是全球電子郵件行銷工具與白名單的頂尖公司。該公司在電子郵件行銷的市場中，建立了當「好人」的商業模式敘事。電子郵件行銷是遭到濫用的合法服務。由於絕大多數的電子郵件都是垃圾信，消費者和各家公司因此深受其害。

回傳路徑公司的創辦人和高階主管花了好幾年，來發展這個敘事。員工也都相信這個敘事。然而，在該公司的電子郵件行銷系統中，有一點卻在無意間讓某些類型的垃圾電子郵件被視為「安全」。嚴格來說，回傳路徑公司只是實施了多數消費者都不讀的電子郵件行銷「附屬細則」規定而已。事實上，公司之所以能從自家的一些顧客身上獲利，正是因為有這項政策。

行政團隊決定向員工坦承這個情形。回傳路徑公司是否應該要繼續實施每個人都同意的規定，就算這麼做的結果是最終用戶會收到垃圾郵件呢？還是回傳路徑公司應該要堵上這個漏洞，冒著失去營收的風險？你會怎麼做？

員工的回應既清楚明瞭，也令人信服。回傳路徑公司是「白帽」。公司的商業模式向來都是奠基於「做正確的事」。員工都認同當「電子郵件英雄」的敘事。想要公司堵上漏洞的聲音，在員工中占了壓倒性的多數，即便此舉代表著公司

會失去收益，或意味著會危及公司的成長計畫。選擇去做不對的事，並不屬於回傳路徑商業模式敘事的一部分。敘事始終維持一致。

回傳路徑公司之後便不再使用該項產品了。

利用敘事改變環境

商業模式敘事影響的遠不只是公司而已。商業模式的正當性，可以改變或甚至創造整個產業。創業家在產業動盪時期所訴說的故事，會促使全新的實務誕生。如果創業家有辦法在範圍更廣的環境中，讓這些實務正當化，將能獲得他們所需的資源，例如創業基金。

克雷格列表公司和谷歌公司就是最具有說服力的兩個實例。克雷格列表公司的例子顯示，透過線上平台，就可以用低成本將多邊市場連結起來。換句話說，大家可以直接交換商品和服務，靠得僅僅是被動支持。谷歌公司的例子顯示，許多線上服務的成本，可以用廣告收益而非會費來支付，因此讓透過使用者活動來蒐集大量資料的方法，化為可能。上述方法和其他試驗正當化後，導致線上創投和線上系統遽增，促成了絕大部分以網路為基礎的貿易和交流。

克雷格列表公司提供了數一數二吸引人的敘事實例，但它的敘事未必適用於所有讀者。克雷格列表公司徹底改革了分類廣告的市場，其網站總流量在美國名列前二十，在全球

則排得進百大。但克雷格列表公司只拿這流量中的一小部分來賺錢，導致一些產業觀察家形容它的商業模式「愚蠢至極」。

不過，克雷格列表公司執行長吉姆·巴克馬斯特（Jim Buckmaster）曾提到，公司的敘事從來都不是利潤最大化；他們的意圖向來都是要為網站的一般使用者創造價值。在克雷格列表公司的敘事中，與讓私人受益的低成本交易量相比，因報紙而損失的價值顯得不足為道，換作是其他公司，可能就不是如此了。

多數組織都沒有創造商業模式敘事

欲打造說服力十足的商業模式敘事，應該很容易做到。然而，大部分的組織都不願意花心力去做。許多組織反而寫下使命、願景或價值的宣言。一般來說，這些宣言也很有用。但使命和願景的宣言，主要是在強調組織的抱負，而價值宣言則（應該）是要強調，組織關鍵創辦人和所有人的核心理念。不論是哪一種，都沒有提到商業模式，也就是公司是怎麼設計成能用來產生價值。

許多新創公司（和其他企業）會製作電梯簡報（elevator pitch）。十秒、三十秒或六十秒的電梯簡報，都有點近似於商業模式敘事。電梯簡報通常包含了組織價值主張的重點摘要。不過，電梯簡報的目的，是要激起先前從未聽過這個

組織的人的興趣。它是販賣想法或事業可能性的推銷手段（pitch）。好的商業模式敘事可以成為有效電梯簡報的基礎。如果商業模式夠吸引人，也具有說服力，包含投資人在內的其他人都會想要繼續聽下去，更深入了解。

（商業模式）本質上就是故事，一個說明企業如何運作的故事。好的商業模式能回答彼得・杜拉克（Peter Drucker）的古老問題：誰是顧客？顧客又看重什麼？好的商業模式也能回答每位經理人必須提出的根本問題：要怎麼用這個事業賺錢？可以說明我們以合理成本為顧客實現價值的根本經濟邏輯是什麼嗎？

——瓊・瑪格瑞塔（Joan Magretta），哈佛商學院院士

打造商業模式敘事

商業模式的三個要素簡單易懂：資源、交易、價值。敘事則將這三者結合在一起。商業模式敘事應該要以清楚簡潔的方式，說明一個組織如何管理交易，以便從關鍵資源中，創造出價值。

試著為你的組織或事業建立一個敘事，並確保你有納入所有必要的構成要素。該注意的是，這可能不像聽起來的那麼容易。就像商業模式分析的絕大多數層面一樣，實務也有助於建立敘事。

　　我們來深入看看MRail的例子，了解商業模式是如何成形
與改變的。

　　MRail的軌道垂直偏差測量系統，乍聽之下非常複雜。
事實上，這套系統很簡單，構想也極為聰明。夏恩・法利托
（Shane Farritor）是內布拉斯加大學（University of Nebraska）
的機械系教授，他發現鐵軌在未使用的情況下，通常不會出
現問題，反而會在載重貨物列車通過時故障。一輛滿載的煤
斗車會重達約120公噸，就跟你可能猜想的一樣，軌道和軌道
下方地面所受的壓力相當大，尤其是上百輛列車會以每小時
100公里的速度行駛在軌道上，如果地面或軌道不夠堅固，車
輪一經過，鋼製軌道就會向下產生偏差，偏差太多的話，軌
道就會變形或斷裂。如果鐵軌故障了，結果可能是代價極為
慘重的行車事故。

　　法利托發覺，解決之道在於要時常測量偏差值，而不是
在固定的軌道地點進行測量。換句話說：把測量系統裝在列
車上，才能持續不斷地測量軌道偏差值。他取得了一輛老舊

的鐵路列車，在上面設置了雷射測量系統，說服調度人員像多加一節守車般，把車廂掛在貨物列車的尾端。當火車拉著改造車廂到處跑的時候，法利托則記錄了上千英哩鐵軌的軌道偏差數據。接下來的幾年，他證實了列車脫軌的地點，正好都是在他的系統辨識出軌道偏差較大的地方。

以下是MRail公司最初考慮的一個可能商業模式敘事。具體的要素以括號表示，供讀者參考。

MRail公司的專利垂直軌道偏差系統（資源一）比較載重與未載重情況下的軌道偏差值，以鑑別軌道故障的高危險區段。公司採購貨物列車後，為其加裝已設置好的專利系統（資源二）。公司將這些列車賣給貨運公司（交易一）。負責貨物列車的調度人員，利用蒐集而來的數據資料，維持軌道的完整性（價值一），避免發生代價慘重的脫軌事件（價值二）。

這個敘事版本完全聚焦在創新和流程上，確實涵蓋到關鍵部分，但我們的目標是要大幅改善這個敘事。

敘事一致性

出色的商業模式敘事會前後一致。當某樣事物前後一致時，會立刻讓人覺得行得通，因為所有構成要素都能結合成一個完整的事物。不過，一致性（coherence）並不需要達成

完美的協調一致狀態。我們全都很熟悉不完美卻還是能有效運作的體系：家庭、學校、政府，當然還有組織。一致性需要的只是構成要素以合理方式配置，以及配置發生小小的改變時，不會影響到運作方式。

其他兩個關鍵之處也應納入考量：關聯性（relevance）和可信度（credibility）。

● 敘事關聯性

商業模式敘事是否與利害關係人的根本問題和價值有直接關聯？

● 敘事可信度

商業模式所連結的，是否為可靠的資源和資訊？組織外有許多詐騙手法和心懷不軌的人，他們有辦法也確實會利用商業模式，只為了讓自己獲利。不過，擁有良知的聰明投資人和合作夥伴，可以透過最小限度的調查，揭露商業模式是否具有可信度。許多人都努力建立既可獲利又能讓世界更美好的企業，對於這些人來說，可信度在商業模式敘事中所扮演的角色愈來愈吃重了。

如果要看看相關的簡略實例，了解這兩點為何重要，請到本書網站，看看「離題一下」單元的「敘事的關聯性與可信度」（Narrative Relevance and Credibility）。

具說服力的商業模式
會讓敘事與公司達成協調一致

　　說服力十足的商業模式敘事可以成為一項強大的工具。有些敘事由於變得太過強大，因此成了一般標準。「Uber」已經成為去中介化服務的一般標準敘事了。就像Uber為駕駛和需要坐車的人牽線一樣，Grappl也企圖成為「家教版的Uber」，讓大學家教和需要一點額外協助的大學生搭上線。HopSkipDrive希望成為「兒童版的Uber」，Maidac致力於成為「居家清潔服務版的Uber」，而正消除飢餓的FoodConnect則自稱成為「食物界的Uber」，族繁不及備載。

　　然而，記得，讓商業模式容易表達的特性，不一定與它能否持續運作有關。

　　說服力十足的敘事仍舊只是一個敘事。它只是講述一個故事的文字綜合體，必須和實際的商業模式要素達成協調一致才行。敘事就像組織文化，可能正好反映了公司的實際情況，也可能沒有反映出來。就像Grappl的例子顯示，敘事未必能從一個產業或市場妥善轉移到另一個。

　　此外，大眾媒體中極為成功和失敗實例的敘事，都是事後才撰寫出來的。比如，蘋果公司（當然還有賈伯斯）已經成為產品創新的代名詞了。實際上，蘋果公司的商業模式創新強調的是設計、可用性、軟體和內容存取，而非硬體上的創新。例如：蘋果並沒有發明或推出第一台MP3播放器、第

一台平板電腦、第一支智慧型手機或第一支智慧型手錶。

　　創業家一般都依靠類比和比喻，來表達他們的創新、點子及商業模式。類比和比喻是很強大的敘事工具，但也會騙人，這會將真正錯綜複雜的部分，以及並未好好與彼此達成協調的商業模式要素，隱藏在一個令人信服且說服力十足的故事背後。

　　要用「家教版的Uber」（Grappl）的說法，來傳達這個點子實在太容易了。創業家利用這個類比法，說服自己和事業合作夥伴，這套方法將來可以擴大發展。但這麼做，只是拉長了他們發覺這個類比其實有瑕疵的過程而已。

　　讓敘事和實際的商業模式達成協調一致，有三種方法。你可以為了符合要素而改變敘事、為了符合敘事而改變要素，或可以改變所有一切。

　　再仔細想想MRail公司的例子。

　　回頭去看我們在前幾頁（p.156）建立的敘事，看起來似乎具有一致性。畢竟，貨物列車調度員已經習慣怎麼操作軌道上的列車了，現在只是多了一輛他們可以納入操作的列車而已。

　　但列車調度員不想要更多的貨物列車。他們只想知道哪個軌道區段有危險。他們沒有資源可以支援像這樣的操作工作。貨物列車公司必須雇用具備操作精密雷射經驗的工程師，來維持這套實體系統，以及負責檢閱、管理、回報數據資料的軟體工程師。而且，MRail公司也不想一直長期處理收購和改裝貨物列車的事宜。

這是要素和敘事都得更改的例子。MRail公司的敘事，透露出商業模式中有兩處斷層。首先，這家高科技公司利用雷射技術，測量出極為精確的數值，而公司提供給顧客（軌道調度人員）的價值，是這份數值的分析結果。這個敘事的一個關鍵資源是鐵路列車，也就是公司必須要收購、運送和改裝的兩萬公斤鋼鐵。採購和販賣二手鐵路列車，可不是什麼有意思的活動！第二，與顧客之間的交易也無疑與商業模式不一致。鐵路公司並不特別想要買更多的鐵路列車，而是想要關於軌道情況的數據資料。這就有點相當於你不單純是只賣汽油給車主，而是賣給對方一整間加油站！

　　就MRail公司的例子而言，解決方式牽涉到要改變關鍵商業模式要素、價值創造的本質，以及一切是如何串連起來的。

　　在更改過的第一個版本中，計畫是讓鐵路列車的敘事部分維持原樣，但不需要調度人員買下列車。公司如果要產生初期收益，就要說服軌道調度人員，讓搭載雷射測量系統的公司列車，可以掛在鐵路列車後頭，跟著一起行駛。交易的部分仍然會需要大量的操作工作，但至少顧客不用為那些鐵路列車買單了。

　　真正的解決辦法，是讓測量系統小型化，公司才不會需要一台個別的鐵路列車。這麼一來，便同時修正了敘事中資源和交易要素的問題。以下是由法利托研擬的更新版本。

　　MRail公司協助軌道調度人員維持軌道的完整性（價值一），避免發生代價慘重的脫軌事件（價值二）。MRail公司

的專利垂直軌道偏差系統（資源一）比較載重與未載重情況下的軌道偏差值，可鑑別軌道故障的高危險區段。公司專屬的縱向測量資料庫（資源二）將根據故障的風險高低，列出需優先處理的軌道區段。MRail會與軌道調度人員（交易一）合作，分析軌道。公司將提供訂閱服務（交易二），通知需優先進行目視檢查的軌道區段。MRail公司的服務可減少目視檢查的成本（價值三）與脫軌的風險。

這就是法利托用來發展商機的商業模式。等到MRail公司證明自己擁有能產生寶貴數據資料的可行系統後，就賣給了全球鐵路服務公司哈斯科（Harsco）。

如果你想看看更具戲劇性且更複雜的改變商業模式敘事實例，請看本書網站「離題一下」單元的「打造CDI的一致性」（Modelling Coherence at CDI）。內容談的是關於細胞動力國際公司（Cellular Dynamics International Inc., CDI）的詳細故事，也就是這家全球數一數二創新的公司，如何經歷了在商業模式敘事中出現最令人著迷不已的一個改變。細胞動力國際公司的敘事與商業模式其他部分達成協調一致後，便私募到1億美元的資金，在2013年上市，並於2015年由日本富士公司以2億7000萬美元收購。合理的商業模式敘事會讓組織與眾不同。

重點回顧

- 優異的商業模式會讓組織敘事與資源、交易和價值的結構,達成協調一致。

- 說服力十足的商業模式敘事,會具有一致性、關聯性、可信度。

- 說服力十足的商業模式敘事必須合理,才能讓組織與眾不同。

Part 3

在適當時機採取
正確的商業模式

你已經讀完本書的一半內容,也大有進展了。現在你已經具備所有打造優異商業模式所需的理論和基礎知識了。

對於究竟有多少獨特的商業模式,大家也許永遠無法達成完美共識,但起碼在評估和建立商業模式的流程上,可以意見一致。第三部將檢視具體的架構,協助你打造賺錢的商業模式。

多數人以為,任何商業模式架構都可以套用到任何組織上,不管組織的規模大小和所處的領域為何。有一些分析也許比沒有好,但在適當時機使用正確的工具,會造成很大的差別。為處於早期階段的公司建立商業模式,和替成熟的老牌組織改變商業模式,兩者所需的流程應有所不同。處於不同階段的同一組織所需

（接下頁）

的商業模式細節與分析，程度上也應有不同。

　　接下來的每一章會分別探討適合組織特定階段的架構，這些階段分別是：創業前、早期組織、成長型公司、成熟組織。先前在第一部和第二部中探討的基礎要素和分析，對各階段的公司來說都是至關重要的。對早期階段的企業來說，過多的細節和分析可能是白費工夫；對於成長型或成熟的企業來說，太少的細節和分析則可能代表有所遺漏。

　　你可以自行辨別想分析的組織是處於哪個階段，直接跳到那一章閱讀。不過，精明老練的創業家和經理人，會懂得去了解適用於各個階段的所有架構和活動。畢竟，要始終如一地把每個階段都清楚區分出來的嚴格標準並不存在。而且，當你的組織發展到下一個階段，或是你需要分析不同的組織時，很有可能會需要回頭重溫這些分析內容！

　　等到你的工具箱有了這些架構，你就為第四部做好準備，因為這部分將討論商業模式的更進階應用，包括商業模式創新和永續商業模式。

創業前商機適用的
RTVN架構

我都跟創辦人說，一開始不要太煩惱商業模式的問題。一開始最重要的任務，是打造出大家想要的東西。如果做不到這一點，不論商業模式有多高明都沒差。

——保羅・葛雷姆，Viaweb與Y Combinator的共同創辦人

小小的各種組織都會使用商業模式分析。但商業模式真正發揮功效的時候，是創業的早期階段。企圖成為創業家的人，想要有闡明自己願景的有效工具。金融家則想要有比商業計畫更好的架構，可用來評估風險和資源需求。

然而，在非常早期的階段，你很有可能會做出一堆意圖良好卻無用的分析。「精實畫布」和奧斯瓦爾德的「商業模式圖」都是強大的工具，但能讓處於創業前和非常早期階段的企業受益的，也許是最簡單的商業模式架構：RTVN。

RTVN分別代表resource（資源）、transaction（交易）、value（價值）、narrative（敘事）。這個架構活用的是商業模式構成要素的最簡單配置方式。創業家在探索潛藏的商機

時，RTVN架構既有效又有用。

一切都在於商機

創業的重點就在於商機。商機看的是情境和資訊。創業家利用資訊，構想出新方法，可以連接並結合資源與交易。在適當的情境下，新的結合方式會創造新的價值。創業家和商機其實是一體兩面。

在這個階段，採用錯誤的商業模式架構可能會帶來不良影響。為什麼呢？較為複雜的架構和工具，會提出創業家可能無法回答的問題。要回答這些問題，可能需要一些無法取得或不存在的資訊。更糟的是，這樣的架構可能會導致創業家接受或捏造未經證實的假設，讓分析得以「完成」。創業家可能會被比較複雜的架構所誤導，進而創造或假定看似符合整體故事，卻無法付諸實行的結構或要素。

在創業前的這個階段，創業家應該從RTVN模式開始著手。

RTVN商業模式設計

RTVN商業模式設計是一種簡單的示意圖，可以在你所提出的商業模式中，找出關鍵的資源、交易和價值。它能協助

創業家透過具有一致性的敘事，將這些要素結合在一起。它也能把要素彼此之間需要評估的關係數量減到最少，讓你專注在關鍵要素和商業模式的整體故事。

在創業前的階段，採用比較複雜的架構可能會很耗時，甚至讓人朝著錯誤的方向前進。一切從簡開始吧，如果你才開始探索某個機會的可能性，那麼只需要RTVN模式就夠了。

RTVN模式可見於圖9.1。

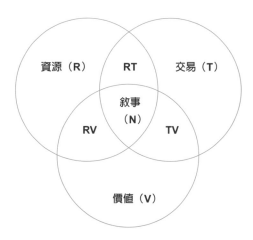

圖9.1　創業前適用的RTVN商業模式

學習單9.1

RTVN模式

你也可以在學習單9.1中找到RTVN模式，前往本書網站，便可下載這份學習單。

如何利用RTVN模式的架構，共有三個步驟：

1. 找出關鍵的資源、交易、價值（RTV）。
2. 探索它們有交集的部分（RT、TV、RV）。
3. 發展並測試敘事。

步驟 1：填寫每個圓圈中的主要部分（資源、交易、價值）

如果你已經把第四章到第八章從頭讀到尾，這個步驟應該會很簡單。你可以直接填上SHaRP資源、交易地圖中的關鍵交易、不可或缺的有形與無形價值。這些都可以分別寫在RTVN模式圓圈的最大部分中。

步驟 2：填寫有交集的部分（RV, RT, TV）

這個部分共有三個：RT、TV、RV。每個都應該用各自的具體方式處理。以下會一一探討這三個部分。

● 資源價值（Resource Value, RV）的交集

即使是在商業模式設計的最早期階段，你也應該相當清楚RV交集的部分是什麼。以下是你要處理的問題：

▷ 哪些資源和顧客所需的價值有直接的關聯？

RV 交集的區域強調，你的商機要納入可以真正為顧客產生新價值的資源。如果你在第五章已經找到了 SHaRP 資源，也擁有說服力十足的、從顧客身上得知的未滿足需求之明確資料，那 RV 的部分就能確定資源該如何連結到需求。

如果你在商業模式設計中碰到的重大問題，是如何才能把資源和價值創造連結在一起，那麼還有其他你可能會覺得有用的工具。其中一個不錯的工具是 Strategyzer 公司的「價值主張設計」（Value Proposition Design）架構。它會帶著你按部就班，把你（想像中）的企業獨特資源，連結到對顧客來說具有價值的需求或獲益。

影片資源

請觀看 Strategyzer 公司說明「價值主張設計」架構的這支短片。欲研究商業模式中的 RV 交集處，利用「價值主張設計」會是非常有效的方法。

只是你要小心。讓多數創業家身陷危險的，就是「顯而易見」的 RV 關聯性阻止了他們的假設測試。既然有資源，也有價值，那麼兩者之間一定有關聯！一般人在尋找機會時的邏輯思考方式，通常會按照下列兩種程序進行：

▷ 解決問題邏輯

我發現一個問題。具體來說，我發現潛在顧客正經歷著未處理的麻煩，或錯失未實現的利潤。我開發出一種創新方式，可以解決這個麻煩或提供這樣的利潤。既然這種方法比顧客現有的來得好，他們肯定會買單。

▷ 資源延伸邏輯

我擁有新穎或未充分利用的資源（資產、能力、技能、知識、創新）。我仔細研究了一番，發現至少有一個目標客層會因為這些資源而受益。既然他們目前沒有利用這些資源，肯定會買單。

如果你發覺自己認為：「這個價值對顧客來說顯而易見。」那就應該仔細看一看資源與價值之間的關聯性。你最起碼要與潛在顧客談一談，才能確定或拋棄關於價值創造的基本假設。

● 資源交易（Resource Transaction, RT）的交集

雖然創業家未必總是採取明確的行動，來解決 RT 區域中的問題，但 RT 區域通常都清楚易懂。請檢視以下的問題，再為商業模式中的 RT 加上摘要資訊：

▷ 有沒有你將會採用的特定銷售或行銷管道？
▷ 若要建立這些通路，需要哪些資源？

▷ 你該如何讓關鍵資源連結到主要交易？

RT部分通常需要查核事實。在商業模式發展的非常早期階段，你也許早就已經有這些問題的答案了。如果你無法回答這些問題，或你的關鍵資源和交易之間有很大的落差，這就是絕佳的機會，讓你能夠退一步思考商業模式敘事。你的商業模式真的行得通嗎？少了RT部分的一致性，商業模式就不可能展開。

● 交易價值（Transaction Value, TV）的交集

TV的交集區域是RTV模式中最常被遺漏的地方。為什麼呢？因為這大概是三個交集區域中最不直覺的部分了。

欲贏得顧客的心，不光是打造出更好的產品，讓顧客取得這項產品，這麼簡單而已。創業家往往低估了確保交易合乎價值創造流程本身所具有的挑戰。

以下是應針對TV交集區域所提出的問題：

▷ 顧客是否有不尋常或複雜的交易要求？這些要求是什麼？
▷ 顧客是否因為利用目標產品或服務，而有義務對其他實體或組織負責？
▷ 顧客是否傾向不採納新創公司的新產品或服務？

如果這些問題的任何一個答案是肯定的話，那麼TV的交集區域就需要進行更詳細的分析了。這也是為什麼許多創業家會落入「設下更棒圈套」的邏輯思考中。

回想一下Orbel公司的手部清潔器故事。手部清潔顯然有其需求，若能改善醫療人員的手部清潔情況，就可避免機構內出現傳染情形。產品發明者亞當・薩克里夫創造了更棒的圈套，即利用一般人在衣服上擦手的「壞習慣」，打造一個顯然能解決問題的產品。

他成立的公司取得了數次成功。他雇用了一位執行長，後者和經銷商建立起跨國的合作關係。這項產品也贏得各種設計大獎，獲得媒體一致好評。

不幸的是，從最初設計取得成果以來，經過了六年，產品並未替團隊或投資者帶來高額的收益或報酬。問題似乎出在TV交集的部分。公司團隊擅長零售和推銷，但在醫療經營和供應鏈方面較無經驗。在大部分的西方國家，醫療機構的採購流程極為複雜，經常受制於嚴格的規定，並建立在組織之間的深厚關係上。不論是需要手部清潔解決方案的醫生和護士，或是受益於衛生習慣的病患，都不是那個能負責決定診所和醫院要採購什麼產品的人。

在醫療產業中，交易與價值的交集處極為重要。由於組織對顧客（病患）肩負著非比尋常的責任，以及（來自保險公司和政府組織的）複雜的呈報規定，因此買家寧可與老牌公司合作，採用先前已證實可行的產品。Orbel公司看起來沒有建立好交易的結構和流程，來處理這個顧客價值創造的特有層面。

步驟 3：填寫敘事（N）

如果你在讀第八章時，按部就班讓敘事發展成形，也許就能想出幾句簡單的說法或幾句話，完成 RTVN 架構。

接著，你就應該退後一步，看看商業模式的整體情況。每個部分都能互相配合嗎？敘事是否把所有要素連結在一起？

RTVN 架構的強大之處，在於它簡單易懂。但簡單易懂的風險，就是分析結果可能是根據一、兩個不正確的假設。完全奠基於創新和直覺的 RTVN 分析，是未經過檢驗的成果。這時候就是讓商業模式團隊發揮實力的最好機會了。和他們分享你的分析結果，請他們協助你找出未經證實的假設，以及潛在的瑕疵或落差。這可不是保密或有所保留的時候！把你的第一個商業模式展現給經驗豐富且學識淵博的聰明人看看吧！

區分商業模式與創新

有時候，創業家會把創新和商業模式搞混。當你在研究該如何設計和打造一個組織時，確實很難區別兩者的不同。

創業家和經理人最有可能以其中一個取代另一個的時候，就是組織尚未存在，或新產品、服務尚未推出之時。既然可以用於評估事業本身的背景資料有限，人們很容易轉而利用商業模式分析工具，來評估創新、產品或服務，而非事

業本身。

　　創新不是商業模式！產品或服務尚未推出時，你很容易一不小心將其中一個取代了另一個。記得，你無法針對創新進行商業模式分析！你必須專注在商機和事業本身。

　　任何創新都能被納入許多可能的商業模式中。有時，只有數種可能的商業模式；有時，商業模式的數量可能高達十幾種或上百種！如果你的分析聚焦在創新本身，那麼你可能會遺漏商業模式的其他關鍵要素。這麼一來，你就不是在分析商業模式，而是在評估創新的商機了。

　　換句話說，如果你試著把商業模式分析套用在創新、產品或服務，就是在檢驗創新能否成功進軍市場，而不是商業模式能否持續運作下去。這兩者聽起來很類似，其中一種結果可能會讓另一種出現，但它們不能劃上等號。

　　回頭想想MRail公司的例子。它是不是有可能打造出一套自動化系統，運用以雷射為基礎的高精度測量方式，來預測鐵軌發生故障的區段？是不是有商業模式能創設可持續營運的公司，將上述的商機化為現實？這兩個不是相同的問題，也沒有相同的答案。

　　我和幾位同僚，與發明家夏恩・法利托教授一同重新探討這個商機。這個商機具有不多不少的吸引力：市場小，與之競爭的創新也不多。真正的問題在於商業模式：我們能不能把關鍵資源與交易連結在一起，好讓顧客受益？你可能有興趣的是，光是評估商機就花了我們三個月的時間，但找出可持續運作的商業模式只用了數週。你可以在本書網

站「離題一下」單元的「MRail的商機與商業模式之比較」（Opportunity V. Business Model at MRail），讀到更多關於MRail公司的商機與商業模式之間的差異。

一切從簡

本章的重點是RTVN這個最簡單的商業模式架構。這個架構也許並未捕捉到商業模式複雜特性的精髓。

如果下列有任何情形符合你的現況，那你可能要採用較複雜架構的其中一個比較好。

▷ 你已經針對商機更深入發展，其中還包括營運計畫。
▷ 你已經開始進行一些組織活動。
▷ 由於技術、資源或交易流程方面的複雜程度，你的分析需要更細緻才行。

在你急忙接受更大的挑戰之前，要確定你是出於對的理由才這麼做，不要做超出必要的商業模式分析！為架構或分析增添更多的複雜性，不會讓商業模式變得比較好。

之所以讓商業模式分析盡量保持愈簡單愈好，有兩個關鍵。如果連RTVN這樣最簡單的分析都清楚顯示商業模式行不通，更複雜的分析方式幾乎一定會出現相同的結果。只有非常少數的商業模式才需要極為複雜的分析，來揭露商業模

式是否具有存續能力。架構愈複雜，通常會在商業模式中找到愈多潛在問題。

第二，使用較複雜架構的商業模式分析，往往會針對流程和活動，提出更詳細的問題。而要回答這些問題，經常需要透過簡略的試驗，或直接與市場參與者打交道。儘管像這樣的活動在任何創業情境中都非常有用，卻可能非常耗時又浪費資源。這類研究通常在得到商業模式的初步結論之後才會展開，不然，商業模式分析很有可能就會變成針對基本商機不斷延伸的一連串問題。這些問題當然要解決，但只有在你對商業模式最重要的存續能力感到放心後，才能著手處理。

RTVN架構是非常簡單卻極有效的機制，可以為新創公司的點子、創新或新產品／服務，創造與評估商業模式。如果你是打算成立新事業的創業家，或是正想推出新產品或服務的經理人，這個架構就是非常棒的起始點。

請利用學習單，探索商業模式要素和它們彼此之間的關聯性，再與信賴的同僚分享這個商業模式。你們一起合作，就能集思廣益，利用替代要素或以不同的方式結合要素，想出改善商業模式的方法。你們也應該要尋找遺漏的要素、不符合整體敘事的商業模式關聯性、其他不一致的地方或問題所在。

重點回顧

- 如果企業處於創業前和非常早期的階段，同時缺少大量既有的基礎設施和活動，RTVN商業模式架構會是很棒的起始點。

- 從簡開始：太早開始打造較複雜的商業模式，可能會浪費大量時間。

- 多數創業家和經理人在處理資源和價值的關係時都如魚得水；最常見的錯誤都發生在價值和交易的關係。

新創公司適用的
精實畫布

要打造一家公司，不只擁有人人都愛的產品，還要不受
拘束，並在沒有商業模式的情況下，創造出商業模式，實在
很困難。我把這種方法套用在應用程式Kazaa上，結果得到
五億次的下載次數，但事業本身卻無法長期維持下去。

            ——尼可拉斯・詹士莊（Niklas Zennström）
引自彭博社網站（Bloomberg Online）2012年9月30日的文章
           〈Skype 創辦人要新創公司秀出賺錢之道〉
（*Skype Founder Wants Startups to Show Him the Money*）

    許多創業家和新興企業家根本完全沒有考慮過商業模
式。他們通常是根據自身的經驗看到一個問題，然後找到或
創造了解決方案，再把這個解決方案賣給具有同樣問題的人
與組織。你可以在本書網站「離題一下」單元的「蹲便公司」
（The Squatty Potty），讀到「方便」腳踏座這個有趣的例子。

    不過，有些創業會受惠於商業模式分析。Kazaa就是一個

解決問題的同時，卻沒有商業模式的好實例。Kazaa的點對點網絡，從未發展出將流量變現的明確機制，即便在公司打完了數不清的著作權官司，並解決了間諜軟體的問題後，依然如此。

商業模式分析已經開始取代商業計畫書，逐漸成為許多商學院探索新事業是否能持續營運的標準程序。如果想更深入了解這個議題，請見本書網站「離題一下」單元的「從商業計畫到商業模式」（Business plans to business models）。

儘管RTVN架構對還處於構想階段的商業模式分析來說已經足夠了，但對更複雜又較不明顯的商機而言，卻缺乏其所需的商業模式特殊性與相關營運細節。對於那些已經比構想階段更往前邁進一步的組織來說，精實畫布會是評估商業模式的絕佳架構。

創業與商業模式設計的精實方法

精實畫布納入了艾瑞克・萊斯（Eric Ries）的精實創業（Lean Startup）架構。你可以在「離題一下」單元的「精實創業與畫布」（The Lean startup and canvas）中讀到更多相關內容，其中還包括了精實創業原則的重點摘要。

精實創業強調的是以實驗性方法進行創業。與其為每個可能發生的情況預先規畫，或致力打造出完美的產品，精實創業的思維會要求你，只要覺得點子和解決方法可行，就盡

快傳達給顧客。換句話說，判定產品是否可行的是市場，不是創業家。

在這個脈絡下，商業模式是實驗的一部分。任何既有的商業模式都應視為假設，而非必然的事實。

精實畫布

精實畫布這項工具是由艾許・莫瑞亞（Ash Maurya）所創造，改編自奧斯瓦爾德的商業模式圖。而正如莫瑞亞指出的，其主要目標就是「在單一頁面抓住商業模式假設的精髓」。

比起詳盡的規畫，精實畫布優先看重的是實驗精神。請利用精實畫布，找出一些進入市場的關鍵實驗，用來測試你的商業模式。顧客、創新／商機、利用該商機的組織，三者都占有同等的分量。

請注意：精實畫布中有四項要素與奧斯瓦爾德的商業模式圖一樣：通路、目標客層、收益、成本。我們會在本章討論這幾個要素，到了第十一章只會略微提及，避免重複相同的內容。

建立精實畫布：電子停車的商機

舉個例子，就可以清楚說明你該如何利用像精實畫布這樣的工具了。

許多英美大學校園內沒有足夠的停車位，可供所有教職員、學生及訪客使用。這種情況有沒有商機可言？亞當趁有空的時候，花了幾個小時想出幾個點子，最後決定使用線上市場撮合平台。我們會以這個商機為例，來探討精實畫布的商業模式。你上網就能看到「亞當的電子停車事業」（Adam's e-parking business）的精實畫布了。

許多網站都提供可用於商業模式和商業模式圖的工具。亞當使用的工具來自www.canvanizer.com，你可以在本書網站「離題一下」單元的「Canvanizer」，更進一步了解這項工具。

我們會詳細研究精實畫布的各個部分。首先，從與RTV架構中資源關係最密切的要素開始：問題、解決方案、關鍵指標。在線上的「亞當的電子停車事業」精實畫布中，商業模式的資源要素以紅色便條貼顯示。

精實畫布要素 1：問題（promblems）

精實畫布中的「問題」，指的是顧客的問題。而商業模式所利用的，便是與未滿足的需求有關的商機。換句話說，如果你沒找到顧客的問題，不論這個問題是顧客煩惱的事或未實現的獲利，你就沒有商業模式。

對新興創業家和處於非常早期階段的事業來說，精實畫布特別有幫助。因為它清楚彰顯了顧客的問題。

看看「亞當的電子停車事業」精實畫布的例子。停車位不夠。實際上，這是情境，不是問題。它並沒有講出煩惱或未實現的獲利是什麼，因此得要更深入分析。

停車位不足為兩種顧客群帶來了問題。有人想在校園裡停車，同時不想碰上可能會出現的麻煩；他們可能得要以走路的方式或找到替代的交通運輸工具前往校園，兩者都會讓他們付出時間的代價；他們可能因為把車子停在別處或搭乘替代交通工具，而必須付更多錢，這會造成財務上的負擔；大學機構可能要透過繁複的行政程序，才能決定誰有資格在校園裡停車。這麼做會產生財務負擔或機會成本——有人領錢來花時間做這件事，而不是去做更具有價值的活動。校方大概也要應付反覆出現的關於停車的零星抱怨，尤其是學生會都定期交接換人。這一點則會導致人力資源成本出現，以及長期下來對校方抱有負面觀感的代價。

顯而易見的解決方案就是增加停車位，但造價高昂，還需要夠大的空間。校方可能缺乏這些資源的其中一項，或者兩者皆無。

你能想到其他問題嗎？記得，任何問題都要清楚、具體及可量化才行。

精實畫布要素 2：解決方案（solutions）

位於問題的隔壁，就是建議的解決方案。同樣地，這個部分也要清楚易懂。「解決方案」不是某個產品或某種服務，而是任何可以充分發揮的必要手段，以便能解決問題的特定層面。

在「亞當的電子停車事業」精實畫布的最上面，解決這個問題的靈光一閃，是一個很簡單的事實，也就是大部分的學院和大學都位於城內，而附近的居民在工作期間都不會使用到車道（甚至是車庫）。換句話說，重新用不同的角度來看待這個問題，也許會有幫助。附近地區有足夠的停車位，但校方實際上並沒有這些車位的所有權。

當然，只是找到解決方案，並不代表問題解決了。真正的解決方案需要先弄清楚商業模式的其他部分，從具體的解決方案要素開始著手。第一步就是先了解，屋主必須有訂價和訂定使用限制的權利。第二步則是意識到，通勤者（學生、教職員、訪客等等）必須能在選項中進行挑選。

只要這些過渡步驟都釐清了以後，這個集合群眾之力提供停車位的點子，似乎就值得繼續探索下去了。

多年前，要維持像這種市場的運作，需要的資訊系統可能包含了實體的布告欄、校園土地團隊所管理的檔案櫃中的文件夾，或甚至是某個由勤勞行政人員持續更新的試算表。

如今，我們當然具備比上述更好的方法，包括任何網路或手機的應用程式。網站可以讓屋主列出他們的「停車格」，包括可用的時段和使用價格，這麼一來，使用者就能輕鬆搜

尋到這個網站並預約停車格，時間可以是一天、一週、一個月、一學期、一年，或甚至更久。

你應該不難看出，這個解決方案可能解決畫布上列出的所有問題。就像之後將會在「成本」部分看到的一樣，這個解決方案最迷人的一點，就是它用虛擬資訊交換的成本，取代了傳統實體停車位的成本。這完全指出了問題不在於車位不足，而在於缺乏關於可用停車格的資訊。

如果你已經對這個點子感到心動，記得，對那些看似過於美好的解決方案要小心一點。我們認為，創業家應該要在試探底線的同時，也要認清法律和道德上的實際限制。

納普斯特公司所做的，是把商業模式建立於違反著作權之上。

——丹·法莫（Dan Farmer）

你還能想到解決方案的其他關鍵要素嗎？也許是某種新穎的支付方式？也許是某種回饋或評分系統，讓使用者能夠獲得關於選項的更完整資訊？假如屋主給錯了停車格大小或什麼時候可以停車的資訊呢？假如使用者逾期占用車位呢？假如使用者讓友人在那裡停了一輛不同的車，不管究竟是不是可以使用的時段，那該怎麼辦？

精實畫布要素 3：關鍵指標（key metrics）

關鍵指標是判定商機是否可行的數值，也能判定組織是否有充分利用機會。關鍵指標是量化過的關鍵成功因素（critical success factor）。如果創業家或組織搞錯了關鍵指標，或無法有效採用，事業成功的機率就會非常低。

如果想了解更多關於關鍵指標的特有挑戰，請見本書網站「離題一下」單元的「關鍵指標的更多資訊」（More about key metrics）。

再看看「亞當的電子停車事業」的例子。要判定它的商業模式對任何一所機構來說是否可行，有哪些關鍵指標？

我們推測，當前在校內和校外附近停車的成本，會是大家優先考慮的其中一件事。根據我們平時從學生那裡聽來的各種關於校內停車的抱怨，透露出這個成本的負擔通常沒有那麼重，學生只是寧願把錢花在其他商品上。有些人感到憤怒，似乎是因為他們認為停車費應該包含在學費裡。

另一個指標會是量化的教職員停車需求。這些人可說是較為穩定的長期顧客群（在條件相同的情況下，學生有點像是短期顧客）；比起學生顧客，屋主可能對教職員會比較放心。

然而，我們認為，其中一個最重要的指標，是與取得車道車位使用權有關的收購（與維護）成本。如果（時間與金錢）成本太高的話，訂價模型將會限制有意願且有能力租停車位的顧客數量。

同樣地，維護和更新系統（包含相關資訊）的成本必須夠低，才能讓市場產生合理的利潤。一旦系統上線並開始運

作，另一個關鍵指標就會是顧客（尤其是學生）的流動率了。

你的商機有哪些關鍵指標？你又要如何衡量這些指標？

試著替你的商機找出四至五項關鍵成功因素、與這些關鍵成功因素有關的關鍵指標，以及你要如何蒐集資料來評估這些指標。這時候也很適合你想一想，可以聯絡哪位產業或市場的專家，與對方討論一下這些關鍵成功因素和關鍵指標。

學習單 10.1

關鍵成功因素

請從本書網站下載本學習單。利用學習單，探索你事業中的關鍵成功因素和關鍵假設。本學習單會鼓勵你找出一些人，以及那些你會請他們確認或否決的假設。

你的商機有哪些關鍵指標？你又要如何衡量這些指標？

現在該朝精實畫布的交易領域邁進了。這個部分包含了顧客、通路和收益流。這些聽起來應該和第九章的 RTV 分析很類似。在「亞當的電子停車事業」的線上畫布中，這些交易的構成要素以藍色呈現。

精實畫布要素 4：目標客層
（customer segments）

　　目標客層就是共享著相同需求或購買偏好的顧客群。再想一想「亞當的電子停車事業」的例子。許多人都想在大學的校園裡停車：學生、教師、訪客，但他們的付費標準並不相同。比方說，對校內不熟的訪客可能會為了方便，而願意付較高的費用，停幾個小時的車。每天都得到校的學生，比較有可能為了避免支付每日方便性的成本，而去調查運輸工具的替代選項。教職員則可能會願意付比學生更多的錢，但也可能考慮比較適合長期採用的選項，比如說，他們根據運輸工具的替代選項，買或租一間房子。

　　你應該很快就察覺到，「訪客」對「亞當的電子停車事業」來說不是很好的目標市場客群，除非停車的問題真的很嚴重。使用這套系統會需要時間和資訊方面的成本，而訪客大概會寧願多付一點錢停車，而非註冊加入系統。

　　「亞當的電子停車事業」的要素指出了三個合乎購買偏好的客層。這三者主要是依據我私下觀察學生的結果，綜合來自他們本身的意見。即便是處於如此早期的階段，好的商業模式圖分析也應該要納入數據資料。數據資料可以回答以下問題，做為後續發展的起點：

　　▷ 有多少百分比的學生會願意為了省 **10%** 的停車費，而多走 **1** 英哩（約 **1.6** 公里）？
　　▷ 有多少百分比的學生在一般上課時段外有停車的需

求？需要停到半夜嗎？還是整晚都要停？

▷ 有多少百分比的教職員在校內停車？他們付多少錢？

如果需要更多目標客層的相關資源，請見「離題一下」單元的「目標客層」（Customer Segments）。

學習單 10.2

目標客層

請從本書網站下載本學習單，探索目標客層和購買偏好。你可能手邊沒有必要的數據資料，可以讓你建立出明確的目標客層，但花點時間寫下你的假設，絕對是值得的，這通常是我們創業課程中成效最佳的一個活動。

學生有時會對顧客如何購買產品或服務，以及為什麼每個潛在顧客的反應都不同這兩點，提出非常天真的假設。找出針對顧客特性和購買偏好的假設，有助於你釐清真正要對顧客進行哪方面的研究。畢竟，精實畫布的目的就是幫助你澄清假設，讓你可以測試它們。

精實畫布要素 5：通路（channels）

通路只是接觸顧客的管道。欲完成畫布的這個部分，請回答以下問題：

▷ 你和你的組織如何把新產品或服務告知潛在顧客？

▷ 顧客如何購買和付費？

▷ 你如何為顧客提供產品或服務？

▷ 你如何提供售後服務？

欲思考通路和其他與顧客互動的方式時，顧客旅程地圖會是一個強大的工具。你可以在本書網站上「離題一下」單元的「顧客旅程地圖」（Customer Journey Maps），讀到更多關於這個工具的介紹。

如果你已經找出並研究過相當合理的目標客層了，很可能會發現不同的目標客層需要不同的通路。就「亞當的電子停車事業」的例子來看，我們會用不同的通路，來分別吸引學生和教職員。此外，由於「亞當的電子停車事業」屬於市場撮合類型，屋主也可以當作是顧客（或換個角度來看，是供應商）。校內的電子郵件也許能寄到學生和教職員手上，但屋主會需要某種直銷的手段，才能說服他們加入「亞當的電子停車事業」的行列。這類手段可能是打電話、送至信箱的信，或甚至是直接登門親自詢問。所有顧客最終都會把網路或手機應用程式當成是交易的通路，不過要讓這一切展開，需要的是教育的通路。

許多學生和想成爲創業家的人都會落入社群媒體的陷阱中。他們在實踐行銷計畫時，聲稱：「我們將會利用社群媒體。」卻沒有提供更深入的分析或相關細節。任何實際在社群媒體界工作，或本身在經營社群媒體活動的人都會告訴你，事情沒有那麼簡單。如果想讀到更多關於這個挑戰的內容，請看看「離題一下」單元的「社群媒體行銷陷阱」（The Social Media Marketing Trap）。

精實畫布要素 6：競爭優勢（unfair advantage）

精實畫布中的「競爭優勢」經常讓新興創業家憂心忡忡。我教的學生通常會在報告中提到無法長期維持或只是搞錯的競爭優勢，像是「很棒的應用程式設計」或「優質行銷」。經過一番提問和討論後，許多學生（和創業家）驚恐地發現，自己無法清楚分辨什麼才是競爭優勢。

這很正常。

「競爭優勢」是競爭對手無法輕易複製、取得或實踐的優勢。下列方法可以創造結構性競爭優勢：

▷ 獨特且可受到保護的智慧財產（例如專利）。
▷ 由於多年的研究與經驗，因此對特定主題格外了解的人。
▷ 在生產或其他流程上，能創造出利益良性循環的規模經濟（例如節省成本）。

▷ 與其他組織有獨特且可受到保護的關係，例如與關鍵
供應商、合作夥伴或顧客簽下的長期契約。
▷ 獨特且專屬於組織的資訊（比如商業機密），像是關於
顧客需求的機密資訊。

你可能會想知道的是，儘管「亞當的電子停車事業」起
初並不具有競爭優勢，卻可以建立起結構性（且有機會能長
期維持）的競爭優勢。此事業利用的是稀少資源：空的車道
空位。假如把「亞當的電子停車事業」點子商業化的組織，
可以讓屋主簽下長期（比方說三年或五年的）協議，其他公
司基本上就沒辦法與之競爭了。這種優勢稱為供應商（或顧
客）鎖定（lock-in）。雖然有點不尋常，不過確實會發生。

另一種結構性優勢的可能形式，則是「亞當的電子停車
事業」線上市場，成為任何一所大學普遍承認的「標準」平
台。如果組織能夠與校方達成某種正式（或非正式）協議，
以推廣平台或使其合法化，這種情況就有可能發生。

之所以出現這種平台標準化的情形，有很多可能的原
因。比方說，eBay成為英美兩國和其他市場的線上拍賣網站
龍頭。eBay之所以能稱霸，全是自給自足（self-feeding）而
來。買家想使用擁有最多賣家的平台，而賣家則想利用擁有
最多買家的平台。我們之所以很難與建立起現存標準的組織
競爭，正是因為顧客如果選擇不使用這套標準，就要負擔外
顯成本。

你已經利用精實畫布，針對你的商機，更仔細探索資源

和交易的部分了。現在該來解析價值的層面了。引導你進行分析的有三個要素：獨特價值主張、成本、收益流。在「亞當的電子停車事業」線上畫布中，這幾個部分以黃色便條貼顯示。完成這些部分之後，就能討論如何測試假設，你也準備好為新創公司建立優異的商業模式了。

精實畫布要素 7：獨特價值主張 （unique value proposition）

精實畫布的核心是「獨特價值主張」。

你可能會問：「如果莫瑞亞的本意是要讓獨特價值主張簡單到不行，為什麼它在畫布上占了最大的一塊空間？而亞當又為什麼在獨特價值主張中列出了五個以上的不同說明？」這是很棒的問題！

精實畫布的最終目標，是要得到一個說服力十足、顧客會拿出錢的價值主張。精實畫布的關鍵目標以及一般「精實新創公司」的思維，都是要建立假說，並讓假設一目了然。如果你的事業還在可以利用精實畫布的早期階段，那你的獨特價值主張大概還有一些不確定的地方。你的短期目標是要打造出實驗，以協助你測試，並發展出最低限度可行的產品。

根據我們所知，「亞當的電子停車事業」尚未有人付諸實行。亞當已經讓多所大學的交通行政人員開始注意這個商業模式了。不過，我們可以斷言，目前還是不清楚「亞當的電子停車事業」實際上究竟能不能成功，或需要多大的規模才

能讓它具有成本效益。亞當請了為數不多的學生、教職員，甚至是屋主來「測試」這個點子，結果卻不太有定論。大家（尤其是學生）都覺得這個想法整體而言相當合理，但屋主對於要讓學生或其他人在自家車道上停車這件事，從頭到尾都很猶豫。兩大未知數就在於成立這個事業所需的法律責任和保險費。

在「亞當的電子停車事業」的線上畫布中，我們留下了五個可能的「獨特價值主張」，是因為這就是這個商機目前所處的階段。對我們來說，這五個主張全都有可能實現，有些還互有關係。這個商業模式目前尚未脫離這個階段，向下一個階段邁進，因為還缺了關鍵的數據資料，而關鍵的假設也還沒經過測試。我們認為，在這些可能的獨特價值主張中，有一些可能會成為最低限度可行產品的最終關鍵之處。

你所創造的顧客旅程模式，是最適合開始思考獨特價值主張的其中一種方式。什麼樣的需求或麻煩會讓顧客想參與交易？在怎樣的情況下，他們才會決定要購買，而非不購買、繼續使用原有的產品或服務，或是選擇競爭對手，或者替代選項？

有時，獨特價值主張看起來太過明顯，以至於創業家不會花費心力去測試。這還真是可惜，因為測試獨特價值主張既迅速又輕鬆。如果要了解如何測試獨特價值主張，請閱讀「離題一下」單元的「競爭優勢的更多資訊」（More about unfair advantages）。

精實畫布要素 8：成本（costs）

　　價值分析如果沒有處理成本這一項，就不算完整。根據你的商業模式分析所處的階段有多早期，你可能會有很少或沒有決定性的成本資訊，但這只是代表目前正是開始蒐集資料的大好時機。

　　為了讓討論能保持簡單易懂，「亞當的電子停車事業」的線上畫布僅列出上市成本；完整的分析應該要包含營運成本的估計值。決定你要優先在哪個部分下工夫，向來都很重要。你可以在本書網站「離題一下」單元的「按優先順序規畫成本研究」（Prioritizing Cost Research），取得更多關於這個主題的資訊。

　　讓「亞當的電子停車事業」成功創業，需要花費一些研究成本：找出在一定範圍內的各種房地產，並遊說其屋主參與這項事業。這需要有個人真的親自走訪所有房地產，找出應該能當作可用空位的目標。接著，還必須聯絡這些屋主的其中幾人（五十人？），試著讓他們都能接受這個想法。

　　下一個關鍵成本是開發這個停車位事業的線上市場。網路上有資源，可以協助你約略估計建立網站和打造手機應用程式的成本。創業家只要夠謹慎，就能放心利用上述的資源；我的經驗是，這些估計值一般會因為某個因素，而多了三、四倍的差距。針對開發測試版應用程式的估價結果可能是 5 萬美元，但實際上可能低於 1 萬美元，或高至 25 萬美元。比較好的數據資料，是根據實際應用程式開發集團的估價結果，或是考慮需要以合約雇用開發人員的費用。

採用同等詳盡的程度來處理所有成本類型，是不可能的事。有些成本很容易就能確認，其他則需要詳細研究、考慮周詳的估價，或以直覺猜測的結果。請利用你手邊最好的資訊來進行評估。如果你沒有資訊，就去取得！搜尋網路、動用人脈關係，建立納入一些基本因素的量化模型。在盡可能的範圍內，針對可能的成本結構設下一些限制。最終，成本估計值必須能呈現出商業模式整體可行性的分析結果。多數時候，一個好的合理估計值就能幫助你達成這一點。

精實畫布要素 9：收益流（revenue streams）

在商業模式圖中，每個創業家最愛的部分，就是「收益流」了。畢竟，這就是商業模式的神奇之處。

第十一章探討奧斯瓦爾德的商業模式圖時，我們會更仔細區分不同類型的收益和訂價機制。目前只想先確保你已經按部就班，思考過與你的顧客需求和價值主張密不可分的各種合理收益機制。

如果欲了解為何收益流常常不像我們所想的那麼簡單，請閱讀本書網站「離題一下」單元的「收益流與購買鐵鎚」（Revenue stream and purchasing hammers）。

來看看「亞當的電子停車事業」的例子。沒有人想在校內買一塊車型的土地。更準確的說法是，大家想要在離校園活動的合理範圍內，找一處停車位。只要搞清楚這一點，就能為各種解決方案敞開機會大門，其中包括了新穎的收益機制。

「亞當的電子停車事業」把重點擺在爲校園附近的車道空間創造市場，而其中一種賺錢方式，顯然就是每次市場一有交易就收取費用。但這樣會產生足夠的收益嗎？我們能不能再想出更有創意的方法？你可以在「離題一下」單元的「亞當的電子停車事業收益流點子」（AEB revenue stream ideas）中，讀到各種有趣的可能。

我們希望這能讓你好好思索自己的商機。創業家往往在找到第一個收益流後，就緊抓不放，從不去探索其他可能。如果你還沒考慮過其他選項，我們非常鼓勵你腦力激盪，想出一些新點子。你有相當高的機率會回到最初的收益流，即使眞是如此，說不定你會對顧客或產生收益的方式，多了一些新的深刻見解。

測試假設

如果你已完成本章的練習，手邊應該已經有能塡入精實畫布的關鍵資訊了。如果你是用Canvanizer來打造畫布的話，可能早就已經完成了！

在我們繼續談適用於成熟和成長型企業的商業模式圖之前，先強調一下利用精實畫布和精實新創公司架構最重要的一個好處。在這個發展階段，創業家應該要專注在讓假設清楚浮現，並測試假設。其目的是爲了打造快速便宜的「實驗」，可以產生最低限度可行的產品：一個針對最初商機所打

造，而且可以賣給真正顧客的東西。

　　就「亞當的電子停車事業」的例子來看，最低限度可行的產品可能只需要包含一名工讀生、一張試算表、與大學的某種共同保險協議、屋主與需要停車位的人之間的基本契約。或者可能只需要向當地屋主進行調查，看看是不是有人願意更深入了解。

　　如果你要組織自己對商機的想法、點子、假設、資訊，精實畫布會是很強大的工具，也是測試你對創業機會有多了解、多深信的絕佳工具。如果能好好使用精實畫布，它將能提供清楚有效的商業模式地圖，以探索和測試新創事業的短期與長期存續能力。

重點回顧

- 對於剛起步或處於早期階段的事業來說，精實畫布是探索其商業模式的絕佳工具。

- 精實畫布藉由實驗和資料蒐集，為商業模式假說的測試提供一些根據。

- Canvanizer可協助將商機中的核心假設視覺化。

成長型公司適用的
商業模式圖

雖然錢在解決無數問題時無疑都有幫助，卻常常可能隱瞞了企業的真正缺陷。在公司應該要切換成「發掘顧客」的模式，或反覆檢驗市場機會的當下，錢也有可能會讓公司的商業模式出現僵化的危險。

——瑪艾兒・賈維特（Maelle Gavet）

第十一章的重點，是特別聚焦在商業模式的架構。亞歷山大・奧斯瓦爾德在他的著作《獲利世代》中，提出了「商業模式圖」（以下簡稱「奧氏商業模式圖」）。它所呈現的，是以實務為主的方式建立商業模式。它也反映出，創業家如何把商業模式當作組織發展與規畫的工具來使用。完整版的奧氏商業模式圖，可自 Strategyzer 網站下載。

奧氏商業模式圖是大學創業課程常用的工具，它是創業競賽、加速器、孵化器的必備工具，創業家和金融家都把它當作商業計畫和發展流程中的關鍵部分來參考。

精實畫布專注在問題陳述與商機上，奧氏商業模式圖則聚焦在創業本身。它可協助處理商業模式中的營運和成長問題，針對要如何思考商業模式的調整與創新，提供有彈性的架構。

奧氏商業模式圖

第十章已經詳細檢視過精實畫布了，因此，我們將簡略探討奧氏商業模式圖，把重點放在它與精實畫布不同的要素上。有需要的話，請回頭看第十章，補足細節的部分。

奧氏商業模式圖中一共有九個商業模式構成要素。精實畫布複製了其中五項：成本、收益、價值主張、通路、目標客層。奧氏商業模式圖還使用了四項精實畫布並未採用的要素：關鍵合作夥伴、關鍵活動、關鍵資源、顧客關係。

奧斯瓦爾德的顧問公司Strategyzer製作了一段很棒的兩分鐘影片，專門介紹商業模式圖。你也可以（合法）下載奧斯瓦爾德《獲利世代》一書最前面的部分（共72頁）。

我們會透過實例來探索商業模式圖。MRail是亞當在其成立前協助研究的實際存在公司。他和創辦人一同發展該事業的商業模式。關鍵的一步，在於把商業模式從產品銷售模式轉換成資訊服務模式。這次的研究花了大約三個月，針對顧客、市場、營運、財務模型，進行了初級和次級研究。本章則大幅簡化了這段過程與結果！MRail的科技最終被哈斯科

公司收購，而後者則透過旗下的Protran Technology事業，在市場銷售MRail的系統。

　　為了方便說明，我們為最初以產品為主的商業模式和資訊服務的商業模式，都建立了商業模式圖。你可以在本書網站上「相關資源」（Resource）單元的「WEBLINKS」點選Part 3，找到MRail商業模式圖的連結：Link 11.5 OBMC for Mrail product-based business model、Link 11.6 OBMC for Mrail information services business model。由於這一章都會提到這兩張商業模式圖做為參考，因此建議你現在就去開啟。

　　奧氏商業模式圖的構成要素非常完美無缺地符合資源、交易、價值的三個層面。探討每個要素時，我們都會提出一些關鍵的問題和議題。奧氏商業模式圖的原始完整版本，本身便融入了提出來會很有幫助的問題。

學習單 11.1

商業模式圖中的有用問題

請從本書網站下載本學習單，開始思考你的商業模式要如何處理這些關鍵議題。

資源面向：
關鍵合作夥伴、關鍵資源、關鍵活動

在奧氏商業模式圖中，資源的面向很顯然與合作夥伴、資源和成本有關。關鍵合作夥伴和關鍵資源沒有包含在精實畫布內：取而代之的是「問題」和「解決方案」這兩個要素。在精實畫布中，重點是要了解基本創業商機的本質；奧氏商業模式圖則是聚焦在商業模式如何把組織的活動與能力連結起來。

奧氏商業模式圖要素 1：關鍵合作夥伴 （key partners）

奧氏商業模式圖強調的是合作夥伴和協作組織的重要性。他們是誰？他們為什麼重要？他們如何連結到組織的關鍵資源和關鍵活動？

許多小的成長型公司完全以是否有商機為考量，來選擇合作夥伴。MRail公司就是絕佳的例子。MRail科技的發明者是內布拉斯加大學林肯分校的夏恩・法利托教授，他曾受人介紹，接觸了總部位於學校附近奧馬哈的聯合太平洋鐵路公司（Union Pacific，以下簡稱「聯太鐵路公司」）。聯太鐵路公司提供法利托教授一台二手的鐵路列車，讓他安裝第一個軌道偏差測量系統。這家公司居中協助，安排讓煤斗車拖著這

輛列車行駛，以便蒐集美國各地主要鐵路線的數據資料。一個可以持續運作的商業模式，會需要聯太鐵路公司成為付費的顧客，而非研究上的合作夥伴。實際上，聯太鐵路公司是出於好意，才提供法利托免費的資源。

要讓點子化為現實，並實際確認軌道品質測量系統可行，這會是很棒的方法，不過，合作夥伴與顧客有很大的差別。更糟的是，如果合作關係過於密切，可能會導致企業無法向其他顧客兜售自己的服務。鐵路產業具有複雜的動態關係。競爭同業經常分享資源，例如鐵軌基礎設施，也常常在活動和資訊上相互協調，比如火車的所在位置，避免出現相撞或脫軌的事件。然而，他們依舊是競爭對手；像聯太鐵路公司這樣的合作夥伴，究竟會不會讓MRail公司把服務賣給其他鐵路公司，我們並不清楚。

誰才會是真正的合作夥伴？在最初的規畫中，公司會賣掉連同軌道偏差測量設備在內的整組列車，並沒有顯而易見的合作夥伴。MRail公司的所有事都必須自己來。如果解決方案專注在資料管理上的話，就能點出許多可能的合作夥伴。其中可能包括了：製作公司，可以製造安裝在任何列車上的齊全系統；鐵路列車服務公司，可負責租賃和維修；鐵路檢查與服務的公司；可能還有早已與產業密不可分的大型物流設備公司，例如ABB公司或西門子公司（Siemens）。

這幾種類型的合作關係之所以具有吸引力，是因為它們代表了潛在的出場機會。最有可能收購軌道偏差科技事業的，會是早已在產業中立足的大型公司，而非鐵路公司。

奧氏商業模式圖要素 2：關鍵資源
（key resources）

　　奧斯瓦爾德意識到，從以資源爲基礎的角度出發來看待競爭優勢，有其重要性。他看出了商業模式幾乎等同於用來創造價值的資源。創業家都擁有一些可用的資源，以及其他相當容易就能取得的資源。不過，由於費用或使用上的限制，有些資源難以取得。

　　奧氏商業模式圖從較簡單的問題開始處理。你已經在使用的關鍵資源有哪些？哪些資源會增加爲顧客創造的價值？就像合作夥伴的部分，眞正的價值來自於你知道這個要素如何連結到其他的要素。

　　來看一下MRail公司的奧氏商業模式圖。在最初與修改過的MRail商業模式中，關鍵資源的部分有哪裡不同？最明顯的改變就是從實體設備轉爲資訊系統。伴隨這個改變出現的，是針對特定資料管理與分析能力的需求。與鐵路公司的關係則移到了顧客關係的區域。而與其買下列車，其中一個關鍵資源將會是把測量系統的科技打造成更小的「產品」，如此才能加裝在任何列車上。MRail公司是否擁有SHaRP資源呢？請閱讀本書網站「離題一下」單元的「MRail公司的SHaRP資源」（MRail's SHaRP resources），更仔細探索這個主題。

　　現在就是使用Canvanizer，打造你第一個奧氏商業模式圖的好時機了。Canvanizer與我們用來打造精實畫布的是同一個網站。它很容易上手，也是免費的。如果你有實際跟著繪製自己的奧氏商業模式圖，將會從本章獲益良多。實際動手做

可是遠比單純閱讀來得有效果。試著想出一些商業點子，或開始詳細描述你目前的事業。如果不知道從何處下手，就從關鍵資源開始吧。

奧氏商業模式圖要素 3：關鍵活動
（key activities）

關鍵活動是可持續運作商業模式中未得到該有重視的一個要素。「活動」有時會與組織分析中的能力，或甚至是交易混淆在一起。

在談到商業模式分析中的活動時，我們的重點是放在對價值創造、顧客關係和通路管理來說，不可或缺的活動。而難就難在要找出哪些活動會讓一切大為不同。活動（activity）中是什麼讓其「動」（act）了起來的？

讓商業模式能存續下去的活動，具有可評價（Assessable）、不可或缺（Critical）、及時（Timely）的特性。

可評價的活動可以為人所觀察、衡量並改善。有些創業家認為，他們能根據可以創造價值卻無法明說的能力，來發揮活動的功效，其實他們把「內隱」能力與「含糊不清」的能力搞混了。內隱能力就像騎腳踏車，是透過經驗和練習學會的能力，而不是藉由清楚明確的指示所習得。含糊不清的活動乍聽之下可能很不錯，卻經不起深入探究，比方說：「我們會運用一流水準的編碼技能，打造人人都愛的應用程式。」如果要更了解在關鍵資源的脈絡下，內隱能力和含糊不清

能力之間的差異，請閱讀「離題一下」單元的「內隱能力」（Tacit Capabilities）。

顧客旅程地圖（見第十章）可協助評估你的關鍵活動是否不可或缺且及時。如果你跳過了第十章，現在就值得花一些時間探索這個有用的工具。不管你的顧客旅程地圖看起來怎樣，都可以用來創造一張商業模式的活動地圖。顧客旅程地圖上的每個重大節點、流程、事件或里程碑，都要對應到一個不可或缺的商業模式活動。其中也許會有重疊的地方：有些活動可能會連接到顧客旅程地圖上的多個階段；顧客旅程地圖上的一個事件，可能會連接到數個商業模式活動。它們彼此之間不一定是一對一的關係，不過，如果顧客旅程地圖上的任一事件沒有相關活動，那麼顯然它已經脫離你的掌控之外了。這肯定不是什麼好事！

學習單 11.2

打造活動地圖

請下載本學習單，利用顧客旅程地圖，繪製你不可或缺的活動地圖。

最後，關鍵活動具有及時的特性。這一點也許看似再明顯也不過了，尤其是對具備營運和物流經驗的商業人士來說。然而，對成長型公司的創業家或經理人而言，他們所面

臨的挑戰，是要認清時機和目的一樣重要。活動是在必要的時候展開和完成的嗎？這些活動是在組織中持續進行，還是由於特定事件才引起的？如果你的關鍵活動過於含糊不清，以至於衡量起來會非常耗時、花錢或根本行不通，那就有問題了。

　　來看看這些特性如何套用在MRail公司身上。在最初以產品為主的奧氏商業模式圖中，關鍵活動是取得鐵路列車，並在車上加裝雷射式軌道品質測量系統。就後勤管理的角度來看，工作內容牽扯到只能在既有鐵軌上移動的兩萬公斤鐵路列車，會是一場惡夢。可評價特性的部分相當直截了當（成本、可用性、地點），但及時性的部分會出現各種問題。光是要讓鐵路列車在正確的時間抵達正確的地點，就需要透過重達二十萬公斤的火車頭來拉，但簡單來說，這個火車頭已經有其他人在使用了。

　　在資訊服務的奧氏商業模式圖中，MRail公司的主要資產，是提供軌道品質評估的數據和分析資料。及時性已經不再是涉及能不能使用鐵路列車的問題了。現在，關鍵活動需要有效更新資料集，並提供幾乎是即時的資訊與建議，給鐵路調度人員參考。這些活動還是具有可評價的特性：關鍵指標將會是任一軌道區段測量的平均時間、平均的系統正常運行時間、整體資料的完整性。

　　如果你完成了精實畫布，應該已經在商業模式中填入了一些（或全部的）關鍵指標，而它們應該要整合到奧氏商業模式圖的關鍵活動中。

如需更多資訊，請閱讀「離題一下」單元的「及時活動」（Timely Activities）。

在朝交易面向邁進之前，請你回頭想想自己商業模式的整體資源基礎。奧氏商業模式圖和精實畫布之間最大的差異，就在於這個面向。如果你沒有完成精實畫布，應該要考慮完成「問題」、「解決方案」、「關鍵指標」這三個部分。即便這三點表面上看起來並不是奧氏商業模式圖的一部分，你在思考資源該如何在商業模式中運作時，它們還是極有幫助的。

交易面向：
目標客層、通路、顧客關係

奧斯瓦爾德建議，奧氏商業模式圖要從目標客層和顧客關係的要素開始著手。採用奧氏商業模式圖，就意味著創業機會的重點是將適合的創新送到適合的顧客手中，而不是評估創新本身是否行得通。

奧氏商業模式圖中的目標客層和通路要素，實際上就和精實畫布中的一樣。與其重申這些部分必須解決什麼問題，我們會直接深入探討MRail公司的奧氏商業模式圖。

奧氏商業模式圖要素 4：目標客層
（customer segments）

　　我們要再次聲明，目標客層只是一群共享相同需求或購買偏好的顧客。而針對目標客層的深入分析，奧氏商業模式圖可以再往前邁進兩大步。首先，我們想直接來談談第三章曾提到的「跨越鴻溝」挑戰的重要性。第二，我們想利用規模與類型，來更精準描述潛在的目標客層。

　　「跨越鴻溝」中的重要一課，便是當目標市場中有少數人熱中於某個創新時，創業家經常被這些人表現出來的行為所矇騙。這些「科技熱中份子」主動尋求創新，接受不完美的科技，以便能繼續走在時代尖端；但他們只占了市場中非常小的一部分。創業家把科技熱中份子採用創新的舉動，誤解成這是他們的創新已經準備好進入市場的證明。事實上，創新只有在具有顯著的經濟效益並建立起一定的信譽後，才會受到市場絕大多數的採用。

　　如果要讀更多關於這個重大挑戰的介紹，請見本書網站「離題一下」單元的「跨越鴻溝的更多資訊」（More on Crossing the Chasm）。如果要了解無法「跨越鴻溝」新創公司的具體實例，也請閱讀本書網站「離題一下」單元的「無法跨越鴻溝」（Unable to Cross the Chasm）。

　　奧氏商業模式圖除了可用來了解目標客層的採用時機之外，應該也可以用來根據客層規模，決定針對顧客和客層的優先順序：哪些客層最大？哪些客層成長最快？你可能會選擇不要以最大或成長最快的客層為目標，或為其提供服務，

但肯定是有意識決定要這麼做，而不是任憑其隨便發展！

學習單 11.3

對創新的採用

請下載本學習單，比較一下你對顧客所了解的一切，和創新採用曲線。

至於 MRail 公司的奧氏商業模式圖，目標客層相當好懂。MRail 可以直接販售給鐵路公司，或是賣給鐵路服務企業。英美的鐵路公司可以用托運對象（乘客或貨物）和營運規模（全國、地區、地方）來區分。鐵路服務企業也能以相同的方式來區分，可依規模和企業提供的服務類型而有所區別。但你不是一眼就能看出哪些客層最具有吸引力。產品模式和資訊服務模式兩者之間的目標客層是否存在差異？請仔細思考一下，再讀「離題一下」單元的「MRail 公司客層」（MRail Segments），更深入了解這個議題。

奧氏商業模式圖要素 5：通路（channels）

奧氏商業模式圖明確辨識出通路的五個階段：認知（awareness）、評估（evaluation）、購買（purchase）、交貨（delivery）、售後（after sales）。這些應該要與你的

顧客旅程地圖一致！你應該以這張地圖為根據，仔細思考目標顧客偏好的通路。假如你有時間也有資源的話，就可以開始探索通路效率了。假如你還有更多時間和資源，也正在考慮數種通路，那麼就想想這些通路如何彼此合作（綜效），或者有可能出現彼此競食（衝突）的現象。

絕大多數的公司，特別是早期階段和成長中的公司，服務顧客的方式若不是透過公司偏好的通路，就是透過競爭對手偏好的通路，前者應該一看就懂。創業時，創辦人或經理人都會仰賴如何接觸顧客的假設，這些假設可能有充分根據，也可能沒有。然而，一旦通路結構就位以後，往往會變得固化。改變主要通路是要付出代價的，尤其是你可能需要再次教導顧客該如何使用新的通路。

那麼 MRail 公司呢？不論是產品或資訊服務的商業模式，大概都需要直接銷售，顧客數量相對來說並不多。加裝的解決方案可能在顧客之間都能維持一致的水準，但為了要符合每個鐵道調度員的路線和基礎設施的特定需求，無可避免一定會出現客製化的情形。

對於許多早期階段的公司來說，仔細摸索通路的種種選項，可能會超出可用精力和資源的負荷。而深度的通路分析，通常也不在奧氏商業模式圖和首次打造商業模式的目的或企圖的範圍內。本書網站提供了其他資源的連結，可供你更深入探索通路分析。

如果需要關於通路挑戰的更詳細探討，以及一些很棒的通路管理資源，請見本書網站「離題一下」單元的「通路挑

戰的更多資訊」（More about channel challenges）。

奧氏商業模式圖要素 6：顧客關係
（customer relationships）

　　奧氏商業模式圖的顧客關係與精實畫布的部分大相逕庭。精實畫布把重點放在競爭優勢，也就是公司或創新要致力取得與競爭同業的相異之處。奧氏商業模式圖則強調顧客關係，而不是創新。奧氏商業模式圖很清楚，不同的客層可能需要建立不同的關係。須注意的是，這些關係和通路並不相同。

　　依據客層和通路的不同，顧客關係可能從一對一的個人關係，到完全去中介化並保持一定距離的互動。我們與創業家和學生合作後，發現著重在顧客關係的兩個具體特性，似乎最有幫助。這兩個特性分別是親近（proximity）與投入（engagement）的程度。

　　「親近」指的是關係有多密切或直接。不過，我們身處於一個科技將彼此連接起來的世界，所謂的親近可能不是指地理上的距離。高度親近的關係，需要你的組織派出一個人，可以隨時待命，與顧客聯繫。

　　「投入」在廣義上指的是一段關係中互動和貢獻的程度。低度投入的關係，除了用商品交換價值以外，不需要太多參與。高度投入的關係，則需要參與的雙方針對交易，關切留意、表達意見、有所貢獻。

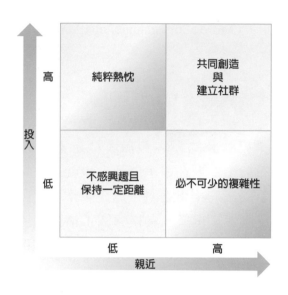

圖11.1：顧客關係中的投入與親近程度

　　圖11.1顯示的是根據親近與投入的程度，所呈現的不同顧客關係類型。沒有哪個象限天生一定比其他的好。另一方面，卡在不上不下的中間位置，獲益很有可能就會受限。如果投入會得到好處的話，提高投入程度應該能改善顧客關係。英國的維特羅斯（Waitrose）連鎖超市就提供了一個顧客關係的絕佳實例。顧客到結帳櫃檯時，會拿到一個代幣，可以用來投給當地幾個慈善團體的其中之一。每個月，超市會將利潤的一部分，捐給由顧客所選出的慈善團體。顧客每次來到店裡，這個低成本的系統都會強化他們的社區意識。

　　如果需要更多關於顧客關係的相關討論，請閱讀「離題一下」單元的「親近與投入」（Proximity and Engagement）。

如果你能找出顧客關係所需的親近與投入條件，就會對你的商業模式該如何增加銷售，有極為深入的了解。以下是你必須回答的幾個關鍵問題：

▷ 哪些是客層偏好與公司建立的關係？
▷ 既有的關係要如何整合到公司的資源和價值主張中？
▷ 這些關係具有成本效益嗎？
▷ 哪些關係早就存在了？
▷ 針對不同的目標客層，你需要建立不同的關係嗎？
▷ 這些關係的親近與投入程度有多重要？

　　MRail公司的兩種商業模式透露出，建立不同顧客關係所需的條件會出現哪些重大差異。主打產品的奧氏商業模式圖需要相對較低的投入，因此可以仰賴必不可少的複雜性。但資訊服務的奧氏商業模式圖則擁有潛力，可根據共同創造來建立顧客關係。由於顧客實際上會購買的是數據和資訊的資料，MRail公司的分析與資料解讀能力，也應一併列入合約中。此外，因為MRail公司仍然是擁有資料所有權的一方，因此有機會可以匯集從鐵路調度員那裡蒐集而來的資料，持續改善數據模型。換句話說，MRail公司在蒐集縱向資料的同時，應該也能將這些資料與實際故障和維修的資訊進行比對，才能持續改善模型的預測能力。這可是每個顧客都想得到的東西。

價值面向：價值主張、成本、收益

在價值面向的部分，奧氏商業模式圖採用和精實畫布一樣的要素。不過，奧氏商業模式圖使用的是「價值主張」，而不是「獨特價值主張」。這一點強化了奧氏商業模式圖是聚焦在事業本身，而非創新。

由於兩者的架構大致上都相同，因此我們會把重點擺在幾個問題和細節上，協助你更深入探索這些要素，並參考MRail公司的奧氏商業模式圖，來為舉例的部分收尾。

奧氏商業模式圖要素 7：價值主張
（value propositions）

建立價值主張需要三個步驟：

▷ 找出顧客的痛點或獲益之處。
▷ 具體說明產品或服務如何解決顧客的需求。
▷ 將價值主張連結到競爭優勢。

● 步驟 1：找出顧客的痛點或獲益之處

殘酷的事實就是，許多創業家和經理人不完全了解，為何顧客會買下他們公司的產品或服務。

如果你已經採用同理心設計的原則，觀察顧客的消費行

為，或許對他們的痛點或獲益之處有一定程度的了解了。「痛點」（pain）是未解決的問題；「獲益」（gain）則是顧客擁有此價值後所帶來的好處。

在MRail公司的例子中，鐵路調度員面臨著兩個互有關係的問題或痛點。首先，當有缺陷的軌道導致脫軌事件發生時，他們要付出龐大的代價。而導致脫軌發生的表面原因，與災難事件的慘烈結果相比，簡直是小巫見大巫。第二個問題在於，要用目視的方式監控上千公里的鐵軌，以後勤管理的角度來說是不可能的。這讓鐵路公司只剩下兩個毫無吸引力的選項：不是負擔軌道監控的高昂續生成本（recurring cost），就是忍受脫軌的高昂代價。

結論就是：花些時間觀察你的（潛在）顧客，與其互動，才能完全掌握他們的需求。

如需更多關於這個問題的資訊，請閱讀「離題一下」單元的「MRail公司顧客痛點」（MRail Customer Pain）。

● 步驟2：具體說明產品或服務如何解決顧客的需求

要進行這個步驟，一個很好的開始方式就是列出產品或創新的特色。它的特性是什麼？規格又是什麼？每一個重點特色可以為使用者帶來什麼好處？

對於多數創投公司來說，若要完成這些分析，沒有與顧客互動是辦不到的。有些創業家和商業經理人更喜歡在較為保密的狀態下，讓點子逐步成形，或推出產品和服務。像這樣的保密方式，確實在某些情況下有其重要性或必要性，但

就我們的經驗來看，這通常不是什麼好主意。

很重要的一點是，只要有機會，你就應該在潛在顧客面前展示產品或服務，或一些適當的複製品。你認為與眾不同的特色，也許到頭來只符合最低要求，或根本沒有必要。最終決定什麼是「必備」或「有的話也不錯」或「毫無價值」的特色，就只有顧客而已。

明確地逐一列出顧客的需求與想要的特色，是必要之舉。不論是用正統或非正統的方式，你都應該能從顧客旅程地圖和顧客觀察中，逐漸看出這樣一份清單。擁有巨大潛力的商機，通常在產品特色與顧客需求之間，會有清晰可見、幾乎是線性的關聯性。

● 步驟 3：將價值主張連結到競爭優勢

優異的商業模式只是打造成功事業的起點。最終，商業模式需要引導公司朝永續競爭優勢的目標邁進。可長期維持的永續競爭優勢，會讓表現出色的公司，從空有能力或表現還算好的公司中脫穎而出。

最單純的永續優勢來自獨特的資源、能力或結構性優勢，這是其他競爭對手無法輕易複製或取得的優勢。有時，這些是具有實體或非常分明的資產，像是土地所有權或專利；有時，它們會是內隱或無形的資產，像是獨特的設計技能或工程方面的天賦；有時，它們完全是結構性的資產，像是規模經濟或長期合約。幾乎所有上述的優勢，都能藉由較好的成本地位或滿足顧客需求的更有效手段，顯現出公司與

競爭對手之間的差異。

想一想以下兩個問題：

> ▷ 假如你的產品或服務為顧客提供價值的方式是降低成
> 本，你有辦法不斷削減自己的成本，以便一直領先競
> 爭對手嗎？
> ▷ 假如你的產品或服務更能滿足顧客的需求，你有辦法
> 向他們收取額外費用，進行更進一步的開發，以便一
> 直領先競爭對手嗎？

為了在面對這個特有挑戰時能獲得支援，奧斯瓦爾德
的Strategyzer團隊發展出「價值主張圖」（Value Proposition
Canvas），補充奧氏商業模式圖不足的部分。在思考價值主張
時，這會是給予你指引的非常有用工具。

奧氏商業模式圖要素 8：成本（costs）

就像精實畫布，創業或推出成本都必須和非一次性的營
運成本區分開來。即使你經營的是可長期發展的企業，也應
該探索和分辨與推出新產品或服務有關的一次性成本。

奧氏商業模式圖鼓勵你聚焦在商業模式中最重要也最花
錢的成本要素，並點出80／20法則處處適用（例如，80%的
成本是來自20%的系統）。同時，你也要確保自己是否注意
到，那些價格昂貴的部分究竟是不是真的驅動著商業模式中

的價值創造。

如需更多相關資訊，請閱讀本書網站「離題一下」單元的「成本分析就像氣象」（Cost analysis is like the weather）。

運用精實畫布和奧氏商業模式圖找出成本的目的，是要引導你思考商業模式成功與失敗的作法和原因。一旦你決定繼續前進，可能就會想統整更複雜的成本分析和預測。請利用組織外部的客觀檢測方式，確保你沒有遺漏任何重要的部分。產業專家和經理人應該都能提供協助，確保你準確辨識出關鍵的成本構成要素。

在MRail公司以產品為主的奧氏商業模式圖中，把現金開銷、時間和物流處理都納入考量後，收購鐵路列車代表的是營運成本中最大的一筆費用之一。但其實，鐵路列車為整個系統增加的價值是零。在最初的商業模式中，列車只是讓測量設備得以和火車一同行駛的機械裝置罷了。

奧氏商業模式圖要素 9：收益（revenues）

精實畫布聚焦在顧客實際會購買的東西。奧氏商業模式圖則探索最理想和其他替代的收益機制。

先從你的價值主張開始著手。顧客真正需要的是什麼，他們會願意為此付出什麼代價？

一旦你弄清楚顧客願意付出什麼代價，就來考慮替代的收益機制類型。請試著根據你究竟是販賣、出租、資助或授權某樣東西給顧客，辨識出產品或服務的具體本質。交易是只發生一次，還是會重複出現？採用這種機制類型的優點或問題在哪裡？

MRail公司的顧客真正想買的是什麼？想必不是鐵路列車！他們也不是真的想要雷射式軌道偏差測量設備。你仔細研究一番後，也會發現他們不想要一個大規模的資料庫，列出全部鐵路系統的軌道品質。他們只想知道，哪個區段的軌道最有可能發生故障，需要立即進行目視檢查。

做得好！你現在應該至少建立出一個商業模式了，也有可能是兩個或兩個以上。如果你有使用這三個架構（RTV、精實畫布、奧氏商業模式圖）的話，便擁有一個工具箱，在創業發展的任何階段，都能用來創造出色的商業模式。

重點回顧

- 奧氏商業模式圖為早期階段或成長中的企業，提供更完善的商業模式分析。

- 奧氏商業模式圖最能發揮功效的地方，在於確保你的商業模式可以有效將企業中的資源與能力，連結到需求明確定義的特定目標客層。

- 利用奧氏商業模式圖來探索其他替代方案：新的收益模式、新的通路、新的目標客層、新的價值主張。

- 奧氏商業模式圖最有效的時候，是你意識到有些資訊比較容易取得或證實；好好運用80/20法則。

商業模式進階運用

> 實行多個商業模式，為策略師帶來的不是風險，而是新工具。
>
> ——卡沙德瑟斯—馬沙轟爾（Casadesus-Masanell）
> 與塔紀楊（Tarziján）

　　商業模式是透過科技創業，進入主流的經營管理概念中。本書大部分都把重點放在以創業為前提的背景下來探討。但每個組織都擁有可以鑑別、評估和調整的商業模式。

　　本章將探討以「大」企業為主的商業模式分析。我們可以利用一樣的工具來分析，但同時必須處理隨著實體規模愈大，實際情況也愈趨複雜的問題。這時候可能就需要更複雜精密的商業模式，或同時採用多個商業模式了。

超越基本商業模式

　　為複雜的大型組織找出並評估商業模式，需要稍微深思一下分析的目的。比方說，利用奧氏商業模式圖的高階分析，就足以探索競爭定位的新興挑戰，或價值主張與目標客層之間出現的新缺點。這種分析因為不必過於聚焦在詳細的營運問題上，通常相當快速就能完成。

　　然而，假如資深經理人認為，組織的商業模式正面臨巨大威脅，上述的高階分析就無法提供足以探索其他可能的細節。

　　我們上課時會指示學生找出大型企業的商業模式，他們往往達不到要求，提出的結果反而是參考公司的標誌、口號或近期最新的廣告計畫。蘋果公司的商業模式被形容為是「為創意人士打造酷炫產品」；而沃爾瑪（Walmart）和阿斯達的商業模式則是「低價的日常用品」。這些不是商業模式，只是簡潔好記的標語，捕捉到這些組織想讓消費者記得的核心特色。

　　商業模式分析之所以強大，正是因為它集結各方面的龐大資訊，總結成便於分析與評估的簡單敘事。然而，如果商業模式的根本資訊過於複雜，無法有效簡化，那麼上述的優點也會變成重大的缺點。舉例來說，蘋果公司的龐大收益與利潤，是來自各種可以互通卻依然保有自身特色的產品和服務，包括App Store、iPhone、桌上型電腦、筆記型電腦、平板電腦、iTunes的音樂銷售。把這些簡化成兩、三句話，將會

省略許多讓蘋果之所以能成爲全球最有價值公司的關鍵特色與能力。

　　針對複雜大型組織的商業模式分析，需要有三個程序之一的協助，每個程序都各有其優劣。當分析需要簡潔易懂時，你就可以採用我們先前曾探索過的任何一種架構。這些分析方式既快速又有效，還能提供組織關鍵長處與挑戰的高階觀點。這類分析最適合當作篩選工具，用來找出可進一步探索的領域。

　　第二個選項是更深入探索你已經鎖定的商業模式，針對各種商業模式要素進行更詳盡的分析。我們在第九章到第十一章已經探討過RTVN、精實畫布、奧氏商業模式圖的工具。利用其中一種工具蒐集資料並謹慎思考，可讓你仔細檢視複雜的商業模式。這也能檢驗看似將要失敗的商業模式，並判斷可以採用哪些經營方面的調整手段和創新。分析結果可能還是會總結在僅一頁的商業模式圖上，不過，這樣的摘要結果，不太可能會一五一十反映在分析時所揭露的更細微、更值得注意的問題。複雜的商業模式無法總是以簡單的商業模式圖呈現。

　　最後，你還可以選擇同時採用多個商業模式。對一些組織來說，這才是唯一的實際選項，尤其是在組織進行疑難排解和重新設計的這段期間。只要坦率接受組織同時擁有多個商業模式的事實，通常就能簡化分析過程，以有效的方式探索每種產品與客層之間的關係，而不會受到其他公司活動的干擾。不過，分析是否具有價值，關鍵在於要把所有商業模

式再次結合起來一起看。

分析複雜商業模式的方法相當簡單易懂，需要的是更注重每個商業模式要素的細節與深度。處理同時採用多個商業模式的情形，則是另一回事了，因為同一組織中的多個商業模式可能與彼此平行、互連或具有綜效。

複雜商業模式

奧氏商業模式圖是可用於探索更大型組織商業模式的絕佳工具。由於奧氏商業模式圖聚焦在組織要素和流程，而非商機，因此可以放大檢視，針對複雜大型組織的商業模式進行詳細研究。

舉例來說，Strategyzer的價值主張設計圖，放大檢視了奧氏商業模式圖中「價值主張」和「目標客層」這兩個要素之間的連結。如此一來，就能以簡單的方法，探索多個目標客層，以及如何提供多種產品或服務。

隨著組織規模變得更大、更複雜，組織可以選擇將重心放在擴展核心商業模式，或探索其他商業模式。

這麼一來，分析大型組織的商業模式，也許就跟利用本書提供的各種工具和學習單，來解構每個重大的商業模式要素一樣簡單易懂。我們通常建議採用奧氏商業模式圖，而不是精實畫布，因為前者聚焦的是組織，並不是特定的商機或創新。表12.1列出奧氏商業模式圖的每個要素，以及你如何

使用先前討論過的各種商業分析工具和架構，來探索它們。

　　實際上，要繪製出複雜的商業模式，差別只在於規模大小。利用你可以取得的完整工具，有效總結商業模式，並隨時留意整體和細節。

　　如果要看一個簡單明瞭的例子，那就想想超市吧。多數雜貨店都採用單一商業模式，供應多種產品給不同的客層：有小孩的家庭、注重健康的運動員、斤斤計較的顧客等。店裡可能會提供速食產品、有機食品，以及包括超市自有品牌食品的低價日常必需品。

　　超市主要商業模式的資源、活動、通路和其他要素，幾

表12.1：利用奧氏商業模式圖探索複雜的商業模式

商業模式面向	商業模式要素	研究與資料蒐集的架構
資源	關鍵資源	SHaRP 分析
	關鍵活動	顧客旅程地圖
	關鍵合作夥伴	RT 與 TV 分析
交易	目標客層	價值主張設計；跨越鴻溝
	通路	顧客旅程地圖：認知、評估、購買、交貨、售後
	顧客關係	親近與投入程度分析
價值	價值主張	價值主張設計
	成本結構	推出與營運分析：80 / 20 法則
	收益	腦力激盪出替代的收益機制

乎完全與這些「價值主張—客層」關係相符。利用表12.1所找到的基本架構，就可能逐一檢視全部的要素，然後繪製出一張詳盡的奧氏商業模式圖。

看來，像這樣的情境很適合採用商業模式分析，卻不是格外需要。要處理「產品—通路—顧客」之間的關係，還有各種行銷、銷售、通路導向的工具和架構可以使用。

另一方面，如果是要探索替代方案和不同於典型範例的新穎手段，商業模式分析會相當有用。

多數超市都會販賣烹飪必需品，像是油、醋、調味料、料理酒。不過，考慮到該產業相對來說漲價較少的情形，為了達成最佳的效率與吞吐量，多數超市的購物過程已經成了極為程序化的流程了。

像是慢食運動和改變生活習慣的趨勢，都為「產品—通路—顧客」的不同結合方式創造了機會。比方說，迅速成長的德國企業「好鮮」每週都會將食譜和新鮮食材直送到府，讓顧客可以在家快速煮出美味健康的餐點。同樣地，英國的格瑞茲公司也使用完善的資料分析工具，客製化顧客所需的零食，以每週一次的頻率寄送出去。假如一般超市為了配合這樣的趨勢，想完全改變「超市購物」的經驗，可能會花上一番工夫。若要這麼做，需要改變商業模式的其他部分，導致商業模式本身變得不一致，也缺乏效率。

結果，反而是出現了全新的事業，提供顧客非常不同的食品購物體驗。位於愛丁堡的「酒罈」（Demijohn）專賣店，以及「源自酒桶」（Vom Fass）的較大型連鎖店，都採用不

同的商業模式，利用這些趨勢來賺錢。這些店販賣特製品和小批次生產的利口酒、油、其他食品與飲品，價格比一般超市貴了許多。店家預期顧客會來店造訪，試吃或試喝一、兩口，在店裡逗留，與服務員聊聊天。不論在產品或體驗上，這些店家都代表了銷售食品「主食」的完全不同的手法。研究這類組織的商業模式，就能發現它與一般組織相比，在成本與收益的結構、關鍵活動和其他部分所出現的關鍵差異。

在美國，大部分的超市依然主要採用基本的食品雜貨商業模式。這些商業模式多數都可以在「複雜商業模式」的脈絡下進行有效評估。

英國規模最大的超市組織，包括了特易購和森寶利（Sainsbury's）在內，都將觸角從食品、與食品相關的產品，擴大範圍延伸至金融服務、服飾、手機合約的領域。我們還是可以用「複雜商業模式」的角度來分析，不過把這些當作是平行或互連的商業模式，幾乎肯定會比較有用。

平行商業模式

重新打造和開創新的商業模式，不只令人興奮，還有可能獲得大量的金錢報酬，甚至更重要的是，對於要從頭開始的創業家來說，這麼做很容易。

──黛安・奧斯古德（Diane Osgood），

維珍集團（Virgin）商業創新主任

採用平行商業模式並不是新概念。事實上，任何擁有多種不相干事業的控股公司，都是以平行商業模式的作法在經營公司。有些大型組織確實是經營完全不同的事業，理查・布蘭森（Richard Branson）的維珍集團非常適合用來舉例。維珍集團所經營的事業，有些在一定程度上有所關聯，或是關係相當密切。比方說，在交通運輸方面，維珍經營著好幾個相關事業。另一方面，交通運輸與醫療保健、媒體事業的關係就不是那麼明顯了。布蘭森的主張始終把重點放在承擔風險、接受失敗和獲得成功，要做到這一點，就要懂得經營事業，而不是藉由任何獨特或針對特定產業的能力來達成。

　　對布蘭森來說，平行商業模式的價值，在於能確保不會有單一事業變得大到無法管理。基本上，判斷商業模式哪裡出了問題，愈小的組織會愈容易分析。

　　假如我們唱片公司的事業規模變得太大的話，我會找來副總經理、副銷售經理、副行銷經理，跟他們說：「你們現在是新公司的總經理、銷售經理、行銷經理了。」我們將公司一分為二，然後等新公司成長到一定的規模時，我又會做同樣的事。

　　　　　　　　　　　　　　　　　　——理查・布蘭森

　　組織內的平行商業模式，如今已經有點少見了。大型組織採用明確商業模式的流行趨勢，經歷了消長變化。1970年

代和1980年代，企業策略師採用波士頓顧問集團（Boston Consulting Group）的「成長率─市占率矩陣」（growth–share matrix），說明不同的商業模式如何用來平衡多個實體之間的現金流量。但這種作法已經不再流行了。企業策略已經轉向以公司競爭力爲主的架構，來創造競爭優勢。複雜精細的金融商品和市場，都減少了用某個事業來資助另一個事業可獲得的好處。

如果你的組織是採用平行商業模式，只要用我們曾探討過的任一架構，就能分析各自的商業模式了。平行商業模式彼此之間沒有重大關聯，也不太會互相影響，因此，如果其中一個商業模式有了改變，包括停業在內，都不會對其他商業模式有太大的影響。

如果你正採用的是平行商業模式，確認在單一組織中這麼做是否行得通，是很合理的舉動。維珍看起來是規則中的例外；該集團就和它的企業創辦人一樣獨樹一幟。

互連商業模式

（對於同時採用多個商業模式的經營團隊，）讓我感到驚訝的是，他們居然沒有搞清楚商業模式指標、權衡、規模和能力要求之間的差異……而其中往往有一個模式擁有壓倒性的影響力，卻績效平平或甚至賺不到錢。

—— 奇斯・麥肯齊（Keith Mackenzie）

英國超市特易購將觸角大幅延伸至各式各樣的其他服務和產業當中。這家公司採行的是單一大型商業模式、數個平行商業模式，還是多個互連商業模式？

這是一個很有挑戰性的問題。每個選項都可以找到很好的論據。也許特易購的商業模式可以形容成是，為絕大部分一般消費者提供產品與服務的一站式低價商店。也許超市、金融、科技的服務真的採用平行的商業模式，只是剛好都被同一家零售機構拿來利用了。或者顧客需求與基礎設施使用上的共通性，都指向了各具特色但互連的商業模式。

互連的商業模式在一個大型組織中同時受到採用，而彼此共享商業模式各個面向的要素。一個絕佳的例子就是戈爾公司（W.L. Gore）。多數消費者都認得該公司用來生產防水衣物和鞋類的Gore-Tex®布料。但這種材料所蘊含的技術，支援著用於各種領域的材料，從醫療器材到重工業設備，甚至包括了手機。

為了在差異甚大的領域中開發、製造及銷售產品，戈爾公司採用了商業模式要素互異的各種組織流程。生物製藥與鞋類製造的目標客層大相逕庭，交易與價值主張也有所不同。如果我們要主張，有某個非常複雜的單一商業模式，能容納所有這些商業模式，很可能會產生不良的後果，因為如此一來，每個要素之間的差異將會需要非常詳細卻又令人困惑的權變。

另一方面，這些不同的商業模式顯然互相有關聯，是因

為非常特有的組織資源和能力，其中有兩個是由於特殊考量而格外突出。首先，戈爾公司是材料界中一個非常特定領域的全球知名龍頭，也就是「拉伸性鐵氟龍」（expanded polytetrafluoroethylene），這項科技為絕大部分的戈爾產品與技術解決方案奠定了基礎。

第二個則是結合了真正非典型文化和不尋常的組織結構。戈爾公司所著重的，是一個以長處為基礎、以創新為主的文化。針對其文化大書特書的相關資料不少，我們將指出幾個重點。首先，每一位員工都是「同仁」。只有當這些同仁在進行特定專案和活動，承諾說要跟隨其他人時，才會有階級之分。第二，針對創新與員工發展，該公司確實採取了長遠之計。公司確保產品開發的活動與其他職務活動會密切配合，比如行銷與顧客支援。最後，戈爾公司不會讓機構成長超過一定的規模，通常限制在一百五十人到兩百人之間。當某個部門、團隊或機構超過這個人數限制，公司就會將這些團體分割或調動，確保每個機構內的員工，都能維持彼此熟悉、溝通良好的人際關係。

互連商業模式可以成為促使商機成功的強大因素。戈爾公司經常因為創新的成果而受到表揚。該公司是每年都名列《財星》雜誌（*Fortune*）「全球百大最佳企業雇主」（100 Best Companies to Work For）的十二家公司其中之一。

谷歌公司（好吧，是"Alphabet"）則提供了另一個更複雜的互連商業模式例子。Alphabet公司的核心事業會產生線上廣告的收益（方法是透過AdSense和AdMob），但這取決於大

數據（也許是全球企業中所擁有的最大資料集）的價值。就管理廣告活動並把廣告活動變現來說，這些資料非常具有價值，但Alphabet公司顯然正在將它們移作他用。Alphabet所擁有並資助的各個企業，經常呈現出成長趨勢，但少數幾家無疑顯示出，該公司在資料方面的專長已經延伸到廣告以外的領域了。

自動駕駛汽車的概念，完全是資料獲取與分析之下的產物。自駕車的感應器和軟體，必須即時獲取並分析數量驚人的資料。現在想像一下，有個集中管理的機器學習系統，利用上述的所有資料量，持續更新自身的演算法和決策法則。像Waymo這種系統的真正本領，不在於Alphabet公司擁有優秀的程式設計師和資料管理工具，而是因為中央系統可以整合並學習自每一輛使用該系統的車子。

我們會希望一個人類駕駛能從自身的開車經驗中學習。他可能每年開的距離從幾千公里，到兩萬公里不等。但假如Waymo同時管理著50輛車，每一輛每年都開到一萬公里，這套系統每年就可以從50萬公里的駕車經驗中學習。而從這個經驗所獲得的有益成果，自動就能提供每一輛車使用。2016年，Alphabet公司宣布，系統已經累積了200萬英哩（約320萬公里）的駕車經驗了。除此之外，它還重複模擬每天300萬英哩的駕駛情形。

資料獲取、管理、分析和機器學習的基礎資源，賦予了谷歌公司最初搜尋引擎科技的強大動力，如今，這個資源則運用到各個領域，從自駕車到生物科技、天氣預測、家庭能

源使用、機器人科學，以及像是地緣政治安全與人工智慧等更抽象的概念。

　　若要採用互連商業模式的話，需要先認清商業模式互連的部分是什麼，尤其當分析著重的是商業模式變革和創新時，更應如此。你確實可以從各個商業模式的共通要素開始進行分析，但我們建議，經理人把商業模式當成平行商業模式，才能徹底找出互連的要素。從個別商業模式的分析開始著手，通常能找出實際上究竟需要多少個不同的商業模式才行得通。

　　舉例來說，戈爾公司總共有十種不同的產品類別。商業模式分析能夠分別評估每個類別。不過，每個類別之間的關聯性相當一目了然：一種共同的化學物質（材料），以及高度特異的組織文化和結構。如果你想針對戈爾公司進行商業模式分析，可能會想先從資源面向的那幾個部分開始評估，再根據產品和目標客層的組合，繪製個別的商業模式圖。

　　另一方面，如果你打算分析 Alphabet 公司的整個組織，則會需要複雜又精細的商業模式分析。Alphabet 實際所採用的各種商業模式，不只數量驚人，有些還不止是互連而已。谷歌公司利用對網頁內容的了解，帶來廣告收益（AdSense），但同時也透過廣告收益的保證，生成內容（YouTube）。這種商業模式屬於自我強化的類型，是綜效的商業模式。

綜效商業模式

> 我們預測，多數頂尖科技公司會有五個或更多的商業模式……
>
> ——〈埃森哲：如何利用新商業模式攀上頂峰〉

同時採用多個商業模式，並沒有所謂的天生優勢。事實上，大家都知道，創投家和私人投資者看到想同時採納一個以上商業模式的新創公司時，都相當提防。不同的商業模式有不同的風險或報酬概況，以及不同的資本需求。而所有商業模式唯一的共通點，就是在經營管理方面都需要特別注意，通常指的是供應最不足的資源。

然而，有些創新與組織可以受惠於具有綜效的多個商業模式。事實上，有些商業模式之所以持續運作，正是因爲這些綜效。

就谷歌公司和YouTube的例子而言，我們現在可以看到的綜效相當淺顯易懂。不過，值得謹記在心的是，谷歌公司在2006年以16億5000萬美元收購YouTube時，飽受批評。

有些例子比較難一眼就看出來，不過卻能更清楚呈現，綜效商業模式如何在組織的存續能力中扮演著關鍵角色。

在電子郵件行銷情報與傳遞能力的領域，回傳路徑公司位居全球領先地位。

該公司在自家網站上宣稱：「我們與逾70家提供電子信箱和安全解決方案服務的公司合作，服務範圍涵蓋了25億的

收件匣，占全球總數近七成。」回傳路徑公司透過與網際網路服務提供者、消費者網絡、客戶、資料集整合業者合作，也利用了來自逾200萬名個人消費者和逾5000家零售商的資料。公司結合了以上的各種資料集，因此對電子郵件行銷的「方式」和「原因」具備獨特見解，得以設置能區分一般郵件和垃圾郵件的標準。

所有這些統計資料的核心，是我們日益數位化生活的幾個基本事實：

▷ 大眾與組織都仰賴電子郵件。
▷ 絕大多數的電子郵件都是垃圾郵件。
▷ 垃圾郵件和真正郵件的差別，未必一眼就看得出來。

回傳路徑公司靠著兩個綜效商業模式，來解決這項挑戰。它將這兩個商業模式分別稱為「寄件方」（sender side）和「收件方」（receiver side）。

收件方的商業模式，需要與主要網際網路服務提供者和電子郵件服務供應商合作（例如康卡斯特〔Comcast〕、微軟、雅虎〔Yahoo!〕、Orange、時代華納〔TimeWarner〕、Yandex等），才能蒐集和整合電子郵件傳送結果的數據資料。也就是說：哪些電子郵件會送到收件匣，哪些會送到垃圾信件匣，以及為什麼會出現這種情況？回傳路徑公司從逾25億有效收信匣蒐集而來的資料，使其對電子郵件傳送結果有了獨特而深刻的見解。

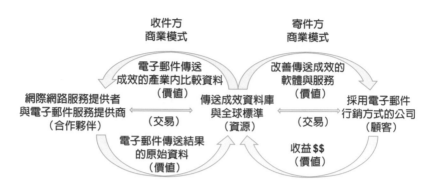

圖12.1：回傳路徑公司的綜效商業模式

　　然而，收件方商業模式中的合作關係，不會為回傳路徑公司帶來巨額收益。回傳路徑公司會蒐集並整合收信匣的資料，統整出電子郵件是否傳送正確的數據資料。公司再將這些整合過的資料回報給上述的合作夥伴，協助他們改善自家的內部篩選機制和系統。回傳路徑公司也利用這份資料，為產業設下電子郵件行銷實務的標準，並減少網路釣魚和其他利用電子郵件犯罪的危害。

　　真正讓公司賺錢的是寄件方商業模式。回傳路徑公司運用其專業能力和電子郵件是否正確傳送的結果，為電子郵件行銷公司提供軟體與服務，確保正當的電子郵件行銷活動內容，會寄到真正想要收到這類消息的顧客手中。

　　圖12.1以圖文方式呈現出這一點。這張「地圖」不同於我們到目前為止曾用過的商業模式圖，但你還是能看到簡化的關鍵資源、關鍵交易、關鍵價值。

實際情況是，回傳路徑公司的商業模式不論少了哪一個，都無法照常運作。就實務來看，收件方商業模式屬於非營利模式，但可以產生關於有問題電子郵件傳送結果的高階資訊。網際網路服務提供者和電子郵件服務供應商，可能會出錢買下這類整合資訊，但如果是主動與他們分享這份資訊，會讓說服他們提供收信匣資料一事更容易。至於在寄件方商業模式這一邊，全球資料庫的建立，讓公司成為全世界在這塊領域中最具權威的專家。若沒有資料庫，回傳路徑公司只不過是另一家提供電子郵件行銷服務事業的公司而已。

我們還可以讓回傳路徑公司與一些全球非營利組織，在圖中呈現出第三個週期循環關係，這些與電子郵件和資訊安全有關的組織，包括：通知垃圾郵件（Signal Spam）、線上信任聯盟（Online Trust Alliance）、反網路釣魚工作小組（Anti-Phishing Working Group）、DMARC.org（此為Domain-based Message Authentication, Reporting and Conformance的縮寫，「以網域為基礎的訊息認證、報告與一致性」之意），但我們認為示意圖已經夠複雜了，對那些不是電子郵件行銷專家的人來說更是如此。

綜效商業模式會納入至少兩個像這樣資源、交易和價值結構都環環相扣的週期循環。要繪製出綜效商業模式地圖的其中一項挑戰，就在於找到適當的詳細程度。即使是像這樣簡單版的綜效地圖，也會讓不熟悉RTV架構的人感到困惑。畢竟，圖12.1所顯示的每個週期循環，都可以用完整的單一RTV示意圖或商業模式圖來呈現。

打造真正的綜效商業模式，既不簡單也不容易。就谷歌公司和YouTube的例子而言，我們並不清楚谷歌公司究竟有沒有完全料到最終會出現的這樣綜效，或只是單純看出線上影音將成為一項龐大的資產。前谷歌公司執行長艾立克·施密特（Eric Schmidt）曾表示，谷歌公司買下YouTube時，比其身價還多付了十億美元。然而，當時的分析師都看得出來，YouTube擁有的綜效潛力，能讓使用者不只上傳內容，也能接觸到付費廣告。

　　同樣地，回傳路徑公司邁向綜效商業模式的旅程則花了十年以上，其間經歷了多次的收購和分割。回傳路徑公司的高階團隊認為，電子郵件有很長一段時間都會是「殺手級應用」，因此經過認證的存取，對電子郵件使用者來說無疑會很有用。就某種程度來說，這個商業模式中的關鍵資源可能是某種完全不同於以往的概念：深信著公司能成為電子郵件市場中的「好人」，可以找到消除垃圾電子郵件和詐騙的極創新手法。

　　回傳路徑公司的商業模式故事中，還有一個很明顯的諷刺存在。

　　回傳路徑公司成立的初衷是為了解決一項挑戰，也就是確保電子郵件使用者會收到他們想要的推銷電子郵件，同時讓他們不想要的詐騙電子郵件經過篩選，送到垃圾郵件匣中。回傳路徑公司的總裁曾經告訴我們，想要透過觸發字串（「V!agR@」）來篩選垃圾郵件，實際上會是「一場穩輸給外頭那些壞蛋的軍備競賽」。改變垃圾郵件內容的程序，幾乎是

零成本；而要收拾成功網路釣魚攻擊所留下的爛攤子，代價會非常高。

因此，回傳路徑公司改變了整個大前提。與其將所有看起來有問題的電子郵件篩選掉（列入黑名單），為何不替符合一套電子郵件行銷公認標準的寄件方擔保（建立白名單）。在這些標準中，有些內容可能相當複雜，不過一個簡單的例子就只是電子郵件中包含了一步便可完成的有效「取消訂閱」特徵。

因此，真正能讓回傳路徑公司賺錢的寄件方商業模式，是奠基於確保推銷電子郵件會送到收信匣內。但當我們在創業課程中說明這一點時，學生常常解讀成，這個情形會帶來更多垃圾郵件！

結論是，綜效商業模式具有極為強大的功效，同時也很難說明清楚，更不用說要如何設計和實行了。

重點回顧

● 較大型的複雜企業也擁有數種複雜的商業模式，
而這些商業模式可以共存，也具有綜效。

● 雖然平行商業模式確實存在，但已經愈來愈少見
了；企業通常比較喜歡互連的商業模式。

● 互連的商業模式在較大型的組織內同時運作，但
共享著在RTV商業模式各個面向中的相同要素。

● 有些企業擁有的可能是綜效商業模式，這些個別
商業模式能以某種方式為彼此提升成效，以創造
和獲取價值。

Part 4
商業模式創新

你談論「我們的商業模式」，是一種愉悅的轉移注意力方法。這是網路時代才有的轉移注意力方式，不只爲創投家在推銷時提供了素材，也爲對話和推測提供了無窮無盡的話題來源，在全球各地的社交場合皆是如此。每個人都在餐巾上畫著商業模式，卻沒有人實際執行。這是創業充滿樂趣的部分，但實際上，也是創業所要處理的一切事務中，最需嚴肅以對的部分。要能成功創造並實行商業模式，眞的要下一番苦功。

——費梭‧侯克（Faisal Hoque），
BTM 企業（BTM Corporation）執行長

本書的最後一部將比單純建立優異的商業模式，更深入探討相關議題。

　　本書的一個重點，就是商業模式並非固定不變。真正優異的商業模式必須因應組織、市場和產業的變化，而隨之調整。本書的這個部分將介紹商業模式週期（business model cycle），它會提供你一個簡單的架構，以便與時俱進地持續評估及更新商業模式。

　　商業策略近期最激動人心的發展之一，就是商業模式創新（business model innovation）的概念。許多大規模研究都指出，商業模式創新已經成為產業變革和組織驚人成長的重要推手了。第十四章將探討商業模式創新的驅力，以及決定商業模式創新成敗的因素。

　　第十五章將探討永續商業模式（sustainable business model）的概念。「永續性」（sustainability）一詞具有多重意義；沒有什麼比在永續組織的脈絡下探討商業模式，更令人困惑了。有些商業模式隨著時間過去仍然可以持續不墜，而有些商業模式則致力要維持環境永續。這兩者之間並沒有直接的關聯，起碼在可預見的未來都會是如此。

　　最後，第十六章將回到商業模式的基礎，為本書收尾。不論你的分析有多複雜，或你的商業模式點子有多天才，都有你應該要記住的重要簡單原則。本書提到的工具與架構最能發揮效用的時候，就是配合著真實世界中的商業模式實際運作情況一同使用的時候。

Chapter
13

商業模式週期

發行量持續下滑的報社想怎麼抱怨讀者，甚至說他們沒品味，都沒關係。但時間一久，報社還是會關門大吉。報社不是公益事業，它擁有的是，要麼可以運作要麼不能運作的商業模式。

—— 馬克・安德森（Marc Andreessen）

商業模式的創造和分析，可能乍看之下是一次性的線性活動。

在最好的情況下，你在紙上建立的「商業模式」，會很接近組織真正的企圖或實際情況。但「地圖不等於版圖」。

如果用領英公司（LinkedIn）創辦人雷德・霍夫曼（Reid Hoffman）的話來說，就是你必須讓商業模式永遠處於測試版的狀態（permanent beta）。你在紙上描繪的商業模式，不論是RTV、精實畫布、奧氏商業模式圖，或是結合數種商業模式的成果，都應該把它當成是不斷受到測試和質疑的當前假設。

你的規畫、研究和仔細分析，都會讓商業模式受益。你也有機會可以進行腦力激盪、運用直覺和邏輯、蒐集資料、分析和修正。然而，商業模式到頭來是一場實驗。它是以組織資源和活動設計而成的計畫，是爲了要替利害關係人（包括顧客、使用者、合作夥伴、員工、業主）創造價值。但你要到實行和衡量商業模式以後，才會得知這場實驗的結果。

　　商業模式週期則爲設計和測試商業模式提供了一個架構。

商業模式週期

　　第一章曾討論過，商業模式設計需要經過測試、找出具體指標，並記錄下來。商業模式週期是建立與測試商

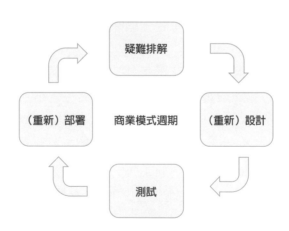

圖13.1：商業模式週期

業模式的簡單四步驟流程（圖13.1），分別是：疑難排解
（troubleshoot）、（重新）設計（[re]design）、測試（test）、
（重新）部署（[re]deploy）。你可以從商業模式週期的任一階
段開始進行，但多數經理人和創業家都認為，最符合直覺的
就是從「疑難排解」的階段下手。如果你是從零開始打造商
業模式的話，那毫無疑問就是從（重新）設計的部分開始。

疑難排解

　　如果你有按照本書中的指引，建立至少一個全新的商業
模式，其實就是從（重新）設計的階段開始進行了。

　　多數商業模式分析都從疑難排解開始。經理人或創業家
會發現事業中的某個部分運作得不順利。收益或利潤下降、
顧客滿意度下滑，而員工敬業程度卻達到最高點。以前行得
通的辦法，現在卻不管用了。

　　不過，調整或翻新組織的商業模式，通常不應該是你所
要採取行動的第一步。疑難排解應該從提出一連串問題開
始，以便確認這個商業模式是不是真的適用於你的組織。

　　首先要問的是，有沒有比商業模式變革更簡單的解決方
案？表13.1列出最常被誤解成是商業模式失敗的四種組織症
狀，也提供了針對這些症狀，應該提出什麼問題，以及區別
商業模式失敗和其他組織問題的因素。

　　最常被誤解成是商業模式失敗的四種症狀分別是：市占

率下滑、低營運資金、市場接受度不高、高營運成本。請檢視表 13.1，了解該提出什麼問題。

當出現一、兩個關鍵的營運失敗情形時，像是營運無效率或產品與市場契合度不佳，一般最好先假設商業模式不是問題所在。為什麼呢？因為改變或革新商業模式是風險相當高的提議。我們會在第十四章深入探討這一點。

不過，如果出現了許多營運失敗的情形，或是症狀遠比上述原因還要嚴重，那麼商業模式很有可能就是下一個嫌疑犯了。

同樣地，如果你所找到的商機，比起漸進式產品改善或打入封閉市場區隔，需要更大的改變，這時候可能就需要新的商業模式了。

表 13.2 列出各種疑難排解的結果，都是在暗示你，是時候該實行商業模式週期了。

你在疑難排解階段能採取的最佳行動，就是根據商業模式，完成其中一種商業模式圖（RTV、精實畫布、奧氏商業模式圖）。商業模式中究竟是哪裡出了問題？如果你能把問題層層過濾，限定在僅一、兩個部分中的一、兩個特定要素，那就應該以漸進式方法開始進行變革。如果有問題的部分是屬於系統性的問題，或是問題串連起多個商業模式部分中的多個因素，就很有可能需要（重新）設計商業模式了。

表 13.1：究竟是商業模式還是其他地方出了問題？

症狀	關鍵問題	商業模式失敗的其他可能原因
市占率下滑	競爭對手有採取不同的行動嗎？顧客需求改變了嗎？	競爭策略或策略執行不佳。 產品與市場契合度不佳。
低營運資金	現金週轉週期中的變化與具體營運的改變有關嗎？營運資金不足與供應量或庫存量有關嗎？	現金管理不佳。 成長或庫存週轉的管理不佳。
市場接受度不高	目標的市場區隔有吸引力嗎？有沒有清楚易懂的計畫，可以跨越墨爾提出的鴻溝，並從核心的市場區隔朝其他區隔發展呢？	針對市場與整體商機的評估結果不佳。 產品或服務的特色是面向早期採納者，而非大眾市場。
高營運成本	營運效率有跟上市場或產業變動環境的腳步嗎？	生產或資源利用無效率。

表 13.2：你大概需要新商業模式的時候

問題	● 營運失敗無法歸咎於單單一、兩個核心原因。 ● 市場採納方面的問題，似乎完全和營運問題沒有關係。 ● 產業環境變動的速度，比你調整營運方式要來得快。
商機	● 新的產品或服務需要更多漸進式改變。 ● 你認為目前的產品或服務會對市場產生吸引力，而這些市場與你目前服務的市場大不相同。

對於任何藉由單一商業模式壯大的事業，轉變可能會讓一切變成未知數。

——賓・戈登（Bing Gordon），凱鵬華盈（Kleiner Perkins）
一般合夥人兼產品長、前美商藝電創意長

（重新）設計

如果你按部就班一路讀到這裡，學習單也都做了，就是在進行商業模式設計了。一般來說，設計是商業模式週期中，最有意思也最有趣的部分。簡單來說，這是藉由去除各種限制或假設，來探索新的商業模式。比方說，重新設計可以聚焦在目前商業模式要素的替代配置方式，看是要納入全新的要素，或甚至是排除一些要素。

大體而言，一切都沒有什麼限制！我們會談到，為何最好的重新設計成果，不會把一切都視為理所當然。你在進行商業模式重新設計時，應該要絞盡腦汁，想出顯然不太可能成真的奇特選項。

RTVN 和商業模式圖都可在設計時派上用場。我們之所以鼓勵大家使用線上工具 Canvanizer 的原因之一，正是因為這項工具可以協助你快速、廣泛地探索。如果你已經建立了商業模式圖，可以直接複製（才不會失去原始的商業模式圖），再開始進行試驗。如果你採用的是既有的商業模式，這些工具會特別有用。商業模式圖會鼓勵你，以非直覺的方式重新配

置商業模式的要素。

有些創業家的設計方式，只是單純繪製出新的商業模式配置或流程。如果你手邊沒有既有的商業模式可以參考，這種方式就特別有用了。這類方法通常都會從心智圖開始著手，並以顯而易見的問題或是你主張的解決方案為中心展開。

在設計階段，你必須回答的關鍵問題是：

1. 你所主張的商業模式是否能創造並獲取足夠的價值，讓組織得以成形或改變？
2. 在你所主張的商業模式中，種種要素是否能在一致性系統內互相配合彼此？
3. 你所主張的商業模式看起來是否能維持穩定並長期維持下去？

只有當創業家放棄針對可能的商業模式的核心假設時，重新設計才最能發揮功效。MRail公司的重新設計就是一個絕佳實例。最初的根本假設是，顧客（鐵路調度人員）會想擁有設置在改裝鐵路列車中的軌道品質測量系統。等到團隊發現，鐵路調度人員唯一想要的，就只是判斷哪個軌道區段要優先進行目視檢查的資料，重新設計的過程就進展得相當順利了。

在重新設計的流程中，你的目標應該是要想出愈多替代方案愈好。十個、二十個或更多的選項，會是很不錯的目標數量。記住最重要的一點是，沒有哪個假設是特別的。線上

工具Canvanizer同樣也能派上用場，因為你可以把商業模式中的任何要素，移到其他部分，或甚至完全從商業模式中移除，改放到最底下的「腦力激盪」區域。你可以在腦力激盪區域列出一連串無止盡的新商業模式要素，接著，再放到商業模式中的各個部分，試試這些要素是否可行。

最後，你也會想要有憑直覺想出來的點子。要你完全不去想關於商機的假設，大概是不可能的事，請盡你所能，依靠直覺，並跳脫舒適圈，來思考新點子。少了從專家和非專家身上獲得的資訊，也許會讓你想到出乎意料的絕佳商業模式要素。

在這個階段，量比質更重要。我們鼓勵學生和創業家記下每個點子，不論這些想法在第一眼看起來有多麼異想天開。有些最有趣的點子，都是調整或建立自最初看似不可行點子的結果。你要建立商業模式，就只有先記下點子，才有基礎能進一步打造。畢竟，之後要再刪去、劃掉，或是忽略，這些都是輕而易舉。

測試

最終，商業模式只有付諸實行，才能體現其價值。

在商業模式週期流程中，我們希望盡可能測試愈多你所主張的商業模式愈好，才能為付諸實行做足準備，並給予你指引。最耗費時間的步驟，通常就是商業模式的測試了。商

業模式週期共有三種測試：想像實驗、資訊測試、前導測試。

　　請仔細思索你的重新設計。有些新的商業模式只能透過實務進行測試，這種方法需要以具體的組織活動起頭，才能從顧客、合作夥伴，或甚至是競爭同業身上獲得回饋。如果你是朝著這個方向走的話，究竟能不能先調整設計，讓想像實驗或資訊測試得以順利進行呢？

● 想像實驗

　　想像實驗指的是在腦中順著變革流程和預期結果走一遍。創業家和經理人隨時都忙著進行想像實驗，一般最常見的作法就是自問：「假如……的話，該怎麼辦？」

　　不論你是採用開放式研究，還是以流程為主的分析，商業模式週期都能從中受惠。只有考慮過各種可能的變革，再採用一套清楚易懂的指標和目標來評估測試，以「假如……的話，該怎麼辦？」實驗為基礎的設計，才最有成效。

　　不幸的是，世上並不存在一張完整的問題清單，可以協助進行所有可能的商業模式想像實驗。下一頁的表13.3根據RTVN架構，列出一連串問題，提供你一個有用的出發點，來展開自己的想像實驗。

　　如果你想尋找更多創意靈感，也許會想看看本書網站「離題一下」單元的「布萊恩‧伊諾的迂迴策略」（Brian Eno's Oblique Strategies）。此外，「離題一下」單元的「想像實驗指引」（Guidance on thought experiments）也提供了指南，

表13.3：想像實驗

資源	● 假如得使用不同的關鍵資源，該怎麼辦？ ● 假如得找到替代的關鍵活動，來創造價值或接觸顧客，該怎麼辦？ ● 假如可以和全球任一合作夥伴公司或實體一同合作，該怎麼辦？要選哪一家？為什麼選這家？ ● 假如可以產生創造更多價值的完美資源（資產、人員、資本），該怎麼辦？這又會是怎樣的資源？ ● 假如可以運用營運或活動，產生既嶄新又獨特的有價值資源，而且與提供給顧客的資源有所不同，該怎麼辦？
交易	● 假如得找出接觸顧客的不同通路，該怎麼辦？ ● 假如顧客互動成本為零，該怎麼辦？假如顧客互動成本是現在的十倍，又該怎麼辦？ ● 假如可以將任一目標客層當作對象，而無需考慮客層大小、採納傾向或獲利能力的話，該怎麼辦？ ● 假如能改變市場本身，該怎麼辦？該怎麼改變？ ● 假如能改變所有顧客身上的某件事，該怎麼辦？要改變什麼？
價值	● 假如得從成本結構中砍掉25%，該怎麼辦？ 　如果是50%呢？ ● 假如能把價格提高兩倍，該怎麼辦？假如價格得降五成的話，又要怎麼辦？ ● 哪個價值要素是目前沒有提供卻是顧客想要的？ ● 什麼價值是顧客即使現在不知道，但五年後會想要得到的？

告訴你如何確保想像實驗會產生有用的結果。

● 資訊測試

　　一般來說，資訊測試應該是針對某個特定想像實驗所進行的精確資料查詢。

　　舉例來說：對於想把 Orbel 手部消毒器商業化的亞當・薩克里夫來說，關鍵問題就在於他能不能以與標準消毒器差不多的價格，來製造 Orbel 公司的裝置。另一個關鍵問題則是，醫療服務（醫院與診所）市場究竟有沒有比消費者市場更具有吸引力。

　　你也看得出來，這些問題所涉及的領域天差地遠，所需的投資條件也極為不同。對擁有產品工程與製造經驗的人來說，回答第一個問題可能易如反掌，但要找到這個適合的人選可能會花上一些時間。第二個問題則需要更多關於顧客、市場和進入市場成本的相關資訊。比較好的作法會是將問題大幅限縮，並確定這個問題究竟是不是重要的想像實驗。我們那時候稱第二個問題為「美國足球媽媽」的問題。美國媽媽們會願意付錢買一個容易運送，還可單手使用的手部消毒器嗎？

　　資訊測試有用的時候，是基於以下兩點：

1. 在有限資源的情況下，問題可以快速得到解答。
2. 結果很可能對（重新）設計流程具有重大意義。

某些情況下，你在利用商機時必定會採取的途徑，可能會讓一些資訊測試作廢。再看一下 Orbel 公司的例子。薩克里夫採取商業化途徑時，我們負責擔任他的顧問，碰上的其中一個關鍵挑戰，就是要找到能指揮整個商業化過程的專業經理人。薩克里夫從來就不想當執行長，對於必須肩負推出產品的行政與營運責任，他並不期待。我們曾一度討論到要招募一個團隊，其中包括來自醫療器材與醫療服務產業的成功領導人士。如果與這樣的團隊合作，他們最初的目標對象無疑是醫療服務產業，而不是消費者。考慮到他們的經驗和人脈關係，我們會這麼想很合理。

　　在這種情況下，一個可能的作法是在挑選團隊成員前，先進行市場和顧客方面的研究。薩克里夫沒有資源（時間和金錢），可用來進行這種必要的顧客和市場分析。最終，促成 Orbel 商業化的最大推力，是我們挑選出來的商業化團隊。

● 前導測試

　　最強大的（重新）設計測試是前導測試。在這個階段，創業家或組織會找到方法，在真實世界中測試假設、資訊、產品，或甚至是整個商業模式。

　　一個及時測試假設的絕佳例子，就發生在范迪爾公司（FanDuel）。總部原本位於愛丁堡的范迪爾，現在已是兩大線上夢幻運動博弈網站之一。范迪爾公司是由開發團隊和投資人以失敗的社群網路事業發展出來的成果，當時網站挑中一個商機（夢幻運動博弈），一路慢慢摸索出自身的商業模式。

共同創辦人兼產品長湯姆‧葛利菲斯（Tom Griffiths）形容，經營的頭幾年，就像是把他們想得到的每一種常見運動放上網站，看看顧客真正願意參與的有哪些。最初幾年期間，范迪爾公司一直處於前導測試的狀態。顧客是比較喜歡每天組一支隊伍，還是想要一星期都維持相同的選手名單？他們想直接和其他運動迷對賭嗎？比方說，某個曼聯（Manchester United）球迷特別想和某個曼城（Manchester City）球迷對賭嗎？對玩家來說，隊伍的忠誠度有多重要？哪些資訊是顧客想要也會用來做決定的？哪些資訊會讓顧客參與更多球隊的俱樂部？湯姆描述說，當時就像淹沒在資料當中，試著要找出哪些方法可行，又不會讓整個團隊或網路伺服器的負荷太重。范迪爾公司是發展時機恰恰好的事業，它剛好乘上了一個爆炸性成長的大規模市場潮流。

你可以在本書網站「離題一下」單元的「歐希瑞公司的前導測試」（Pilot testing at Ocere），讀到規模較小也更單純的例子。

前導測試會盡可能將你的產品或服務呈現在顧客面前。前導測試在某些產業中會收到不錯的成效，但不是所有產業都適用。以網路為主的前導測試會極為有效，而且改變內容和流程的成本又相對較低。如果是在規範嚴格的產業，前導測試則幾乎不太會成功，醫療器材就是一例。

創業家有時會在前導測試階段止步不前。為什麼呢？對有些創業家來說，前導測試感覺就像踏入現實前的最後一步。然而，這正是讓創業家最沒有辦法達成目標的心態了。

前導測試經常是在太遲之前，可以發現死胡同的最後機會。錯失為產品或服務進行前導測試的機會，就等於是買了車卻沒有先試駕一樣。不管商業模式在紙上看起來有多棒，都要等到實際上路後，你才會知道行不行得通。

製造你能銷售的產品，別只是試著銷售你製造的產品。
—— 荷西・艾斯塔比爾（José Estabil），
tau-Metrix 公司前總裁、科磊（KLA-Tencor）資深技術主管

優異的前導測試全都有兩項共通特質。

首先，前導測試應該易於實行，也易於展開（即簡單明瞭）。有時，這代表要告訴關鍵顧客，產品、服務或商業模式仍處於測試階段，因此計畫可能會取消。有些創業家擔憂，假如向潛在顧客展示點子的半成品，就會斷了自己的後路，這是合理卻方向錯誤的擔憂。如果你與潛在顧客的關係脆弱到只要一步錯就會全毀的程度，那麼這名顧客就不應該被納入前導測試當中。再者，企業應該試著和顧客建立更牢固的關係，讓顧客對整個商業模式，而不只是某個產品特色買帳。

簡單明瞭意味著，把產品或服務呈現在潛在顧客面前時，只會運用到最有限的資源。當顧客開始問起複雜的問題或要求較複雜的協助，代表這個測試在某種程度上就已經完成了。值得注意的是，這並不表示測試「失敗」了。前導測試沒有所謂的失敗，只是有各種不同的資訊結果而已。

最後，簡單明瞭也意味著，如果從前導測試中蒐集的資

訊，開始指向商業模式需要大幅或複雜的變革，那麼這個測試同樣就完成了。前導測試應該聚焦在找出能讓商業模式可持續運作的漸進式修正，要不然就是確認商業模式需要大幅修正。

第二，前導測試應該要有某個重點目標。任何科學家都會表示，進行一個好實驗的訣竅，關鍵在於限制變數的數量，尤其是那些無法控制的變數。如果你想搞清楚冰塊要花多久才會融化，就會在溫度固定的環境控制下進行實驗。你不會只是把冰塊放在天氣會出現各種變化的戶外，然後看看會發生什麼事。如果你想知道自己的商業模式究竟會不會成功，那就把最簡略的版本提供給顧客，並在他們試用時，控制外部因素會帶來的影響。

（重新）部署

一直等到本書的第四部，才開始談商業模式的（重新）部署該如何付諸實行，也許乍看之下很奇怪。畢竟，多數創業家都是將商業模式付諸實行了，才能開始進行一切。

迅速將商業模式呈現在顧客面前，並在問題出現時就解決掉，有很多好處。我們在創業課程中都強烈鼓勵學生，只要有機會，就利用精實創業的模式。

不過，你閱讀本書的原因，可能是想尋找一些該如何發展和實行商業模式的洞見及指引。「先打造，再測試」的行事

原則，確實是強大有效的法則，但也有可能會讓創業家走向耗時的死胡同，尤其是如果所謂的「打造」沒有一個明確的結束時間點。

荷西‧艾斯塔比爾在麻省理工學院的德許潘迪科技創新中心（Deshpande Center for Technological Innovation）指導創業家。在他的職業生涯中，為步調快速且競爭激烈的半導體產業市場，帶來了數不清的關鍵科技。他的睿智建議，則為精實創業的方法論提供了關鍵的平衡要素。把你的點子呈現在顧客面前，盡力摸索出他們想要買什麼、想用什麼方式購買。將你的商業模式付諸實行，不代表你就永遠被那個商業模式綁死了。不過，這確實代表了你要在商業模式中建立起信譽，至少暫時都會是如此。

部署商業模式，與推出新的產品或服務有些類似。我們指導的許多創業家都覺得以下的類比法很有幫助。

想像一下，不管是出於什麼原因，你想賣掉自己的公司。收購方真正要買下的究竟是什麼？在某些極為特殊的情況中，收購方想要買的可能就只是財產目錄、智慧財產權，或甚至是像顧客名單之類的資訊。諷刺的是，收購方最不需要的，大概就是公司事業的結構和正規構成要素，像是公司的法人資格以及與服務供應商的關係。

收購方真正想要的是什麼呢？最有可能的情況是，收購方買的是你的商業模式。收購方想要公司營運方式加起來的總和，而這應該會超越所有部分加起來的價值總和。資源、交易和價值創造的結合方式，才是讓收購如此吸引人的原

因。也許這麼想可能會有點困難，不過你可以把商業模式本身當成是一項產品。

你在重新部署商業模式時，實際上就是把這項產品（你的組織）重新推出到新的市場上。沒錯，這項「產品」包括了向你的顧客銷售具體的產品或服務。不過，以更進階的角度來看，你的商業模式就是大規模組織市場中的一項產品。如果你的新商業模式在這個組織市場中創造了更多價值，那麼重新設計和重新部署的流程就成功了。

不幸的是，重新部署商業模式無法保證一定會成功。第十四章將會探討促成商業模式變革的驅力，以及為商業模式創新帶來成功的關鍵因素。要將可持續運作的商業模式或商業模式創新有效付諸實行，通常都需要細心規畫、明確執行和積極監控。

學習單 13.1

（重新）部署核對清單

請下載本學習單，取得詳細的核對清單，檢驗你根據 RTVN 架構所建立的（重新）部署是否有效。就算你是採用其他任何一種商業模式圖工具來進行（重新）設計，還是可以利用這份清單。雖然這份核對清單並不保證你一定會成功，但這個核對步驟能確保你前進的方向是正確的。

重新部署商業模式的一個好選擇，是只配合你在重新設計階段中創造的新商業模式圖。針對圖中的每個要素，你應該都能回答以下問題：

▷ 這個要素與目前已受到採用的狀態有何不同？
▷ 若要實踐新要素的話，必須進行哪些方面的投資、需要什麼資源或改變哪些流程？
▷ 欲展開上述變革的必要步驟是什麼？負責每個步驟的職責已經分派給特定的人士或團隊了嗎？
▷ 必須克服的阻礙或障礙是什麼？
▷ 什麼樣的指標能顯示商業模式變革已經達成目標了？

商業模式週期提供創造商業模式的重要補充資訊。本書處處都可以看到，商業模式提供了一種彈性方法，讓你能了解並改善組織的存續能力。商業模式分析鼓勵你以非傳統的方式思考，任何組織要素都可以改變或刪去。商業模式週期架構可以協助你，把商業模式設計放到更廣的脈絡來探討。有效的商業模式是動態的概念結構，需要不斷在市場和產業環境中進行測試。

下一章的內容將研究組織如何與為何改變商業模式、商業模式變革與商業模式創新的區別、什麼樣的情況會促使商業模式創新成功。

重點回顧

- 商業模式是動態的，因此需要不斷重新審視商業
模式的歷程。

- 商業模式週期有四個步驟：疑難排解、（重新）設
計、測試、（重新）部署。

- 有效的商業模式需要開放式探索，以及檢測RTVN
架構的流程分析。

商業模式的變革與創新

商業模式創新重塑了所有的產業，也重新分配了數十億美元的價值。

——馬克・強森（Mark W. Johnson）、

克雷頓・克里斯汀生、孔翰寧（Henning Kagermann）

商業模式創新具有風險……是根據不可知的有限資訊所做出的放膽嘗試……就像從山上往下跳一樣。

——柏克與喬治

商業模式會失敗。

有時候，問題不是出在產品、服務、團隊，或是執行方式。有時候，問題就真的是商業模式本身。

還記得獨立旅行社的例子嗎？販售（新）密紋唱片、卡帶、CD的音樂商店呢？百視達之類的影視出租店呢？像這樣的企業還殘存著，比如托邁酷客旅遊公司（Thomas Cook）、

地方的「黑膠」專賣店、美國的家庭影視公司（Family Video），但對於身處這些業界的多數公司或機構來說，以往支撐著它們的商業模式已經完全不再適用了。你還記得提供撥接上網數據機的小型地方網際網路服務供應商嗎？

　　商業模式之所以改變，就和商業其他任一部分會改變的理由一樣。如今，熊彼得（Joseph Schumpeter）所提出的「創意性破壞」（creative destruction）遠見，比以往顯得更為清晰鮮明。新的點子、科技和流程，創造出資源、交易、價值不斷混合在一起的大雜燴。隨著某些產品與服務愈來愈受到歡迎，大家就得把其他的拋在後頭。

　　如果想更深入了解這個議題，請見本書網站「離題一下」單元的「商業模式創新與創意性破壞」（Business Model Innovation and Creative Destruction）。

　　本章將闡明商業模式變革（business model change）與商業模式創新的概念。我們會討論展開這些流程的風險與報酬。最後，我們則會探索商業模式之所以發生變革的原因，以及最有可能為商業模式創新帶來成功的驅力。

商業模式變革與商業模式創新的差異

　　商業模式變革看起來似乎很好懂。假如商業模式變得不同的話，那就是商業模式變革發生了。

　　然而，無論是學者或經理人，都不是靠這種單純的觀點

來判斷。大部分關於商業模式的文獻和實務都隱含著一種共識，也就是商業模式中任何一種要素的微小、漸進式或個別改變，嚴格上來說都無法代表商業模式變革。

想想看以下的例子：一家提供後端數據管理服務給製造業和零售業顧客的企業。有些流程和工作具有重複、一成不變的特性，卻無法完全標準化。行政團隊決定開始將重複性工作外包，而不是占用組織的內部資源。這是商業模式變革嗎？按照最簡單的定義來看，確實得回答「是」。不過，實際上，多數創業家和經理人都認為，這單純只是資源或供應商方面出現了改變而已。把非核心或非必要的活動外包，就如同上述例子所示，似乎無法證實這就是「商業模式變革」。

為了符合文獻資料以及我們自身觀察實務的結果，我們會採用以下這個略微複雜的方式，來分析商業模式變革。我們將商業模式變革定義為：「針對至少兩項商業模式要素，實行非微不足道的改變。」

這將有助於澄清商業模式變革，與營運、策略、產品、流程或市場細微改變之間的差異。優異的商業模式不只是各個部分加起來的總和。如果改變商業模式的一個要素，對商業模式的其他部分都沒有明顯的影響，那麼我們似乎就能合理地主張，整體的商業模式並沒有真的改變。

商業模式創新呢？顯然，這是商業模式變革中的一個特例。商業模式創新需要同時符合商業模式變革的標準，以及針對新穎定義的一些條件。我們在自己的學術研究中，將商業模式創新定義為「發展出新穎的資源與交易配置方式，以

便採用新方法創造新市場或為市場提供服務」。我們認為這個定義至今依然相當精確。為了保持簡潔與一致，我們在本書中將採用一個修正過的定義。

此處的挑戰是要如何定義「創新」。假如公司以前從未嘗試過，是否就能說商業模式具有創新特質了？只有當商業模式從未受到地方產業採用，才能說它是創新的嗎？還是只有當這個星球上以前從未有人嘗試過，才能說商業模式是創新的呢？很明顯，這樣下去會落入語義之爭！

談到商業模式時，背景脈絡很重要。如果某個組織要徹底檢驗一個競爭同業曾使用過的商業模式，這個商業模式就不是真的創新了。另一方面，假如創業家正試著要採用的商業模式，是其所處產業從未使用過的，或是沒試用在目前的顧客身上，這個商業模式看起來可能就是創新的產物了。

商業模式創新是針對至少兩項商業模式要素實行非微不足道的改變，結果會為組織所處產業和市場帶來新的商業模式配置方式。

假如創業家曾看過這個商業模式受到其他產業的採用呢？我們認為，這個商業模式還是屬於創新，因為有些商業模式要素無法從一個產業轉移到另一個產業。換句話說，創業家還是在實行一個新的商業模式。

不過，值得注意的是，對於「商業模式創新」，沒有完全客觀的衡量標準或判定方法。下次你在主流媒體中讀到關於「商業模式創新」的例子時，也許要仔細想想這個例子到底有沒有符合我們所提出的標準條件。關於商業模式創新的概

念，不太可能會出現完美一致的共識，畢竟，對於商業模式就已經沒有完美一致的共識了！

商業模式創新的風險與報酬

誰在乎呢？也許商業模式創新也沒什麼了不起。

初步研究和我們自身的觀察都指出，商業模式創新確實是了不起的事。

商業模式創新是具有高風險、高報酬的主張。

商業模式變革也許相對來說屬於漸進式，聚焦在讓組織因應產業或市場環境的改變，而隨之調整；它也可能是著重在提高營運效率的漸進式改善過程。然而，商業模式創新需要的是組織以創業的心態採取行動，願意改變任何不再能達成目標的商業模式要素。

不像產品和流程的創新，商業模式創新必須以商機為主，同時具有破壞性。商業模式創新需要從根本改變公司創造並獲取價值的方式。

—— 柏克與喬治

商業模式創新可以是打造優勢的強大機制。最有名的例子當然就是蘋果公司了，它利用商業模式創新，從1997年的瀕臨破產，僅花了十五年的時間，便在2012年躋身成為全球

最有價值的公司。在這段期間，蘋果公司讓音樂、電話、電腦產業通通改頭換面了。

商業模式創新的價值，最早是在2007年開始受到重視。IBM的全球執行長調查結果顯示，表現勝過同行的公司，比起產品和流程的創新，更仰賴商業模式創新。請看看本書網站中「離題一下」單元的「IBM全球商業模式創新調查」（IBM's global study of business model innovation），從這項大規模的全球研究中，獲得更多調查結果的相關資訊。

如今，商業模式創新終於真正獲得了世人的認可。據部分統計，絕大多數的大型公司都擁有探索過一些商業模式創新的經驗。具有最大幅成長和價值創造的公司都採用過商業模式創新。

誕生自上個世紀最後25年的27家公司當中，有整整11家在過去十年間迅速成長，因而名列《財星》雜誌五百大企業，而這全都要歸功於商業模式創新。

——馬克‧強森、克雷頓‧克里斯汀生、孔翰寧

同時，商業模式創新是要付出慘烈代價的。上千家公司都曾在商業模式創新上賭了一把，卻無功而返。它們大部分都沒有被相關研究提到。少數幾家像納普斯特的企業，是由於失敗的慘痛經驗而成為代表性的例子。如果想看看另一個絕佳實例，就請閱讀本書網站「離題一下」單元的「雅虎地球村的商業模式太過創新」（GeoCities' business model was too innovative）。

　　時至今日，針對商業模式創新的代價或失敗率，依然沒有嚴謹的研究。不過，根據各種業界的傳聞，我們看過的失敗次數遠比成功的還要多，尤其是那些處於成長階段的科技公司。這些組織，像是線上內容託管的Voxel公司、電玩開發的Savage Entertainment公司，試著要在高度競爭的空間中，實行新穎的商業模式。上述兩家公司最終都被收購（而非失敗），但兩者之所以被收購，都是肇因於不成功的商業模式創新，以及短期內可見的組織失敗所致。

　　商業模式創新的問題很簡單。它需要組織對（至少有一部分）未經測試的商機進行投資。在多數情況下，公司之所以無法回頭，是因為這些投資會讓公司偏離以往所仰賴的價值創造流程。

　　來看看邦諾書店（Barnes & Noble's）試圖打入電子書閱讀器產業的例子。儘管邦諾書店的NOOK電子書閱讀器在英美兩國推出時，背後有雄厚的資金撐腰，依然難以與亞馬遜的Kindle一較高下。雖然當初推出和支持NOOK的總投資額，沒有可以公開取得的資訊，但從微軟最初投入的6億美元和培生集團投資的9000萬美元，就能一窺其總金額之高。2016年，邦諾書店宣布將關閉NOOK的應用程式商店，意味著西方世界承認谷歌、蘋果和亞馬遜應用程式的平台，已經成為標準了。許多分析家指出，NOOK沒有平台支援或新奇的特色，可以與亞馬遜和谷歌一同競爭。而NOOK推出的期間，儘管邦諾書店仍保持全美最大連鎖書店之姿，卻持續

虧損，書店相繼倒閉。邦諾書店可歸咎在NOOK頭上的總損失，估計從數千萬美元到遠超出10億美元不等。

（商業模式創新的）成功有一部分是源自真正新穎的價值創造方式，以及在組織流程、資源和系統方面，採行變化劇烈的措施。這些致力於商業模式創新的舉動是一場賭注，可能會讓公司被難以改變的專案、資產和能力綁死。

——柏克與喬治

本章接下來的部分將探索促成商業模式創新的驅力，以及促使商業模式創新成功的因素。我們利用IBM的全球執行長資料集，發現了商業模式創新中一些值得關注的重點。如需更多關於我們研究的資訊，請閱讀本書網站「離題一下」單元的「靈活商業模式創新」（Agile Business Model Innovation）。

商業模式創新的驅力

公司起初為何會投入商業模式變革和創新之中？殘酷的事實是，改變無法避免；無法因應變化調整的公司，可能會因為過時而遭到淘汰。

沒有唯一的商業模式……有的其實是數不清的商機和數

不清的選擇，我們要做的就只是去發現它們全部。

──提姆‧歐萊禮（Tim O'Reilly），

「矽谷先知」暨歐萊禮媒體（O'Reilly Media）創辦人

　　第十二章也提到了，商業模式變革的一個關鍵驅力，通常是認清績效不彰無法歸咎於單一營運因素。商業模式創新或許也受到了機會辨識（opportunity recognition）所驅使。據說，幾乎任何事都能刺激組織去調整和翻新商業模式。不過，IBM的資料則顯示，有特定的因素會刺激組織嘗試商業模式創新。

　　我們會在此略微檢視這些因素。你可以在「離題一下」單元的「商業模式創新驅力」（Drivers of business model innovation）以及我們的著作《商機模式》中，找到更多詳細資訊。

　　表14.1總結了促使商業模式創新發生的因素：

> 商業模式創新不受領域和產業，以及組織大小所影響。沒有特定的產業或營運規模會出現比較多的商業模式創新。

> 具同質性或專一的組織，更有可能嘗試商業模式創新。全球性組織和涵蓋多個文化的組織（例如位於歐盟的公司）比較不會嘗試。

> 唯一一個始終與商業模式創新有關的外部因素，就是全球化。需要迎面接受全球化挑戰的公司，比較有可

能會嘗試商業模式創新。

▷ 資深高層的領導力，尤其是執行長的領導力，會鼓勵進行更多商業模式創新。

▷ 將心力大量投入產品或流程創新的公司，比較不可能嘗試商業模式創新。

▷ 先前的成功變革經驗和商業模式創新並無關聯。

表14.1：商業模式創新的驅力

	商業模式創新的驅力？	
	是	否
領域／產業		X
組織大小		X
狹隘或單一的組織文化／目標	X	
地方市場趨勢		X
全球趨勢／遠距探索	X	
高層領導力	X	
產品／流程的創新		X
先前的成功變革經驗		X

　　商業模式創新的關鍵驅力，是針對組織長期的核心價值主張提出挑戰。一方面，這符合我們的預期，也就是營運和策略上的特定細微變化，不應該稱之為「商業模式變革」。另

一方面，這也再次強調了商業模式創新不適合膽怯的人。以正經嚴肅的態度展開商業模式創新的公司，會接受組織存續能力正冒著風險的事實，而存續能力本身又與根本變革的需求有著密切關聯。

商業模式創新成功之時

為了探索與解釋商業模式創新，沒有人下的工夫會比亨利・切斯柏（Henry Chesbrough）教授還要來得多了。他已經針對商業模式創新的好壞，進行了大量經過深思熟慮的研究。

商業模式創新極其重要，卻也非常難以達成。

——亨利・切斯柏

大家都知道成功的商業模式創新會帶來超標績效。然而，要讓商業模式創新成功，需要組織保持靈活變通。商業模式創新之所以是冒險的舉動，是因為公司必須著手應付不熟悉的挑戰。要讓商業模式創新得以運作，公司需要靈活變通，才能因應已改變的環境和新資訊進行調整。

我們的研究顯示，組織要在商業模式創新期間維持靈活變通，需要採取一個兩階段的流程。記得，商業模式創新並不容易。如果有那麼容易，每家公司都能成功做到。如果你要實踐商業模式創新，就要保持開放的心胸。個體、團隊和

部門都需要擁有彈性、良好心情及管理階層的支持，才能有效參與商業模式變革的流程。記住，找出商業模式創新的機會，不是一下就能做到的事。最棒的點子可能來自意想不到的地方！

　　事實是，創造一個創新的商業模式，往往是出於偶然。
　　　　　　　　　　　　　　　　——蓋瑞・哈默爾（Gary Hamel）

商業模式創新的兩階段計畫

　　商業模式創新者所做的，不只是調整策略定位而已，他們會好好利用只有事後看起來才顯而易見的非直覺創業商機。商業模式創新是以有限、不可知資訊爲基礎的放膽嘗試。
　　　　　　　　　　　　　　　　　　　　　　——柏克與喬治

　　如果你一路讀到這裡，得到的結論是你的組織需要把商業模式創新納入考量，你將面對令人望之生畏的任務。你應該好好估量自家組織的商機和能力，但到了某個時刻，你終究還是得放膽一試才行。如果你成功了，旁人在事後會覺得你的成功原來是如此顯而易見；如果你失敗了，也許會很難或無法從這次挫敗中振作起來。
　　在第一階段期間，公司將運用執行長領導力、遠距探索、針對非連續性變革的計畫，展開商業模式創新流程。一

且組織為商業模式創新全力以赴，第二階段的因素將會協助組織成功實踐商業模式創新。

學習單 14.1

兩階段商業模式創新工具

請下載本學習單，取得流程與準備工作的核對清單。該提出的問題都已經列在學習單上了，本章接下來的部分也將探討這些問題。

第一階段：運用商業模式創新的關鍵驅力

在第一階段，你的目標應該是確保組織已經做好準備，能展開商業模式創新。你會需要具備幹勁並積極投入的高層管理團隊、擁有能研究全新長期商機的遠見，以及考慮讓組織進行大改造的魄力。

● 執行長領導力

你或是率領組織的任何人，必須明顯展現出熱情又樂觀的態度，才能積極帶領商業模式創新的流程。執行長（總經理或其他高層領導人）沒有必要從頭到尾監督著整個商業模式創新流程。不過，關鍵的思想領導者，必須確保整個組織致力於達成一個清楚且目標明確的願景。

這個關鍵人物是否到目前為止都是整個創新流程的驅力呢？如果不是，組織本身是否知道執行長或總經理百分之百支持為了創新而投注的心血呢？對於商業模式創新的成果與流程，是否有明確又清晰易懂的願景呢？

● 遠距探索

　　商業模式創新所需要留意的，不只是局部的漸進式改變。商業模式創新不只是進入相鄰的市場，或能為顧客帶來增值的產品改善。假如你的商業模式變革流程都聚焦在相對簡單或漸進式的改變，那就不是真的在實踐商業模式創新。如果你還沒有開始投注心力，探索遠距市場、技術、產品概念和顧客需求的話，現在正是時候。

　　你的組織可能會做出最糟的一件事，就是商業模式創新的實踐不夠徹底。等實踐完成後，你可能會發現，其中一位競爭同業或新進入市場的對手，扎實地完成了商業模式創新實踐，成果也遙遙領先於你。

　　你是否花時間想一想，五年後的顧客、市場和產業在哪裡？十年後呢？二十年後呢？你有下過什麼苦工，研究組織目前價值主張以外的商機嗎？在你的想像中，組織在五年後會和怎樣的新公司一同競爭？十年後呢？二十年後呢？如果這些公司和你現在所競爭的是同一批，你真的有認真思考商業模式創新嗎？

● 非連續性變革

多數組織能力都受益於經驗；商業模式創新則可能不是如此。先前的成功變革經驗和成功的商業模式創新之間沒有關聯。這可能是商業模式創新無法從慢慢累積的經驗中學習的緣故。每次商業模式創新所採取的行動都獨樹一幟。

你的組織是否準備好迎接非連續性變革了？你是否讓關鍵人士準備好面對嶄新又不熟悉的職責了？你的實體與資訊設備是否能夠納入新活動並監控流程？一旦找到了最激烈的破壞式變革，誰將負責支援受到最多影響的員工？

第二階段：讓組織準備迎接成功的商業模式創新

如果你已經做足了準備，事關商業模式創新能否成功的因素共有四個。你將需要保持組織的創意氛圍，致力於簡化組織結構，為了獲得商機相關消息而與其他組織合作，以及為了創新而確保組織的自立性。

● 創意氛圍

在成功的商業模式創新中，最關鍵的因素就是組織的創意文化。商業模式創新需要組織迎面接受新挑戰、執行新活動，還有可能要處理全新的價值創造方式。對創新採取支持態度的創意文化，將能提供面對變革時的基石。

若少了創意又有彈性的組織氛圍，商業模式創新會很難實踐。你的組織中的氛圍，與業界其他公司的氛圍相較起來

如何？你近期有針對氛圍進行調查嗎？如果目前的氛圍無助於重大變革，你是否有辦法延後展開商業模式創新的時程，即使只是暫時延期也好，才能讓你的組織準備得更充分？不管組織處於何種氛圍，你可以採取哪些措施，鼓勵有彈性也有創意的思維與行為呢？

● 簡單結構

商業模式創新通常需要針對高層和營運活動，進行重大變革。如果組織能聚焦在核心職能和職責上，變革過程就會比較有效率，也比較有效果。不過，為了簡化而採取的行動，隱含著難以察覺的挑戰。如果只是去除非核心職能（透過出售或分拆的方式），實際上可能會阻礙商業模式創新。這個挑戰在於要讓管理階層專注在關鍵的職能和活動上，同時還能利用關於市場與機會變動的外部資訊。謹慎挑選合作夥伴，將會是這個流程的關鍵要點。

如果你要實踐商業模式創新，就要仔細研究怎麼做才能成為懂得委派任務的人。請建立一張清單，列出你的企業目前優先仰賴的團隊、大規模活動或關鍵流程。最有用的清單會包含五至十個不等的團隊和流程。排定優先順序後，請再仔細思考是否可以將一些較不關鍵的要素，委派給其他值得信任的組織。

這個委派流程，會讓你的組織內部的管理能力有機會去做別的事。你不想放棄對這些流程的控制權，反而特別想確保自己能透過合作夥伴，取得市場資訊。你是真的讓管理能

力得以專注在其他事情上，還是只是重新分配內部活動而已？我們從自身研究中了解到一件令人驚訝的事，就是委派任務能協助商業模式創新的進行，但只是重新分配資源反而會阻礙商業模式創新。

如果想看一個組織重整的引人入勝例子，請見本書網站「離題一下」單元的「碎形商業模式」（The Fractal business model）。

● 找到可取得資訊的合作夥伴

商業模式創新很有可能需要將你的組織移往新的產業、目標客層，或甚至是全新的市場。除了將非核心職能委派出去以外，在這些新領域中，找到可取得資訊的合作夥伴，將會為你帶來怎樣的商機？試想一下，假如你的商業模式創新成功了，你最想要服務哪些潛在顧客。如何結合能力與資源，才會提高這些潛在顧客從你的商業模式創新成果獲得價值的可能性？哪些公司可以提供這些能力與資源？你能接觸這些組織，以便協助你進入新產業和新市場嗎？

● 為創新確保組織自立性

最終，成功的商業模式創新是源自於組織內部誕生的點子。與其他人和其他公司合作，確保你擁有關於商機的最新資訊，確實會有幫助。然而，到頭來，對於那些能促使商業模式創新出現成效的創新和變革，可以為其負責的就只有你的公司。

你要給予什麼樣的內在誘因，才能促使這些創新誕生？你必項給予什麼樣的誘因，才能讓眾人欣然接受商業模式創新若要成功必定會有的變革？你的組織中的每個人將如何受益於自立性創新？他們全都了解這一點嗎？

我們在探討商業模式創新的《商機模式》一書中，討論了全球頂尖的電子郵件行銷白名單公司回傳路徑。該公司與全球的網際網路服務提供者合作，取得資料，了解傳送至使用者收信匣的電子郵件，和改送到垃圾信件匣的電子郵件，分別有什麼特徵。這項資訊至關緊要，但回傳路徑公司沒有依賴網際網路服務提供者，來為電子郵件行銷服務和自家電子郵件白名單資料庫，創造新穎的商業模式。

回傳路徑公司的創新之舉，來自不斷努力探索電子郵件產業中的遠距可能性，同時結合了組織內對創新抱持著支持心態且充滿創意的氛圍。

舉例來說，該公司允許所有員工都可以因為看到其他員工有傑出的表現，而當下給予對方小額獎勵（25美元）。他們都是透過一套自動化流程來給予獎勵，無須經過資深經理人的同意。該公司有許多新穎產品和服務改善，都是源自這個25美元的點子。

在「離題一下」單元的「成功商業模式創新的驅力」（Drivers of successful business model innovation）中，你可以更深入了解這些關鍵因素。

商業模式創新有一半令人恐懼，另一半則令人興奮。如果你正深陷其中，無法自拔，很可能就是走在正確的道路上

了。我們所有曾親自實踐過商業模式創新（無論成功與否）的人，都祝你好運、一切順利！

重點回顧

- 商業模式創新是高風險、高報酬的嘗試之舉。

- 商業模式創新不會受產業、組織大小、地方市場趨勢或先前成功的變革經驗所驅策。

- 重點放在產品創新或服務創新的公司，比較不可能展開商業模式創新。

- 展開商業模式創新的公司往往具備積極的執行長領導力，也願意研究遠距商機，並擁有目標較窄小或具同質性的文化。

- 成功的商業模式創新需要創意文化、簡單結構、找到可提供資訊的合作夥伴、為創新保持組織自立性。

- 商業模式創新並沒有一定能成功的保證。

永續商業模式

（永續的商業模式）必須是永續社會的一部分。在無法永續的經濟環境中，不可能維持永續的事業。所有商業模式都仰賴獨特的外部環境，而這些環境如果要稱得上永續，必須搭配在環境限制之下仍能實現社會進步的繁榮經濟才行。

—— 大衛・班特（David Bent），

未來論壇（Forum for the Future）組織

在商業模式的脈絡下，「永續」（sustainable）或「永續性」（sustainability）究竟代表什麼？

本章將探索「永續商業模式」（sustainable business model）的概念。我們會告訴你，可以決定要在自己的事業中納入或忽略永續性的要素。在商業模式中建立永續性，是受到創業家和經理人的個人信念及價值觀所影響的決定。

本書沒有足夠的篇幅，可以用來處理道德、全球化、正義或人權的議題。請閱讀「離題一下」單元的「關於『永續』

商業模式維度的說明」（Notes on "sustainable" business model dimensions），看看我們對這個主題的其他想法，包括我們對「生態」（ecology）和「社會公益」（social good）的定義。

拆解「永續商業模式」

所以，永續商業模式到底是什麼？由於這個詞已經變成慣用的說法，也很方便使用，因此我們會採用這個說法。對你來說，永續商業模式代表什麼？

學習單 15.1

拆解永續商業模式

為了讓你能充分利用本章所學，請從本書網站下載學習單15.1。隨著我們一步步拆解這個棘手的字詞，請你按部就班照著學習單的指示做。首先，請在方框一中寫下你自己的「永續商業模式」定義。別直接跳到學習單的第二頁！

永續「商業模式」

最簡單的解釋，大概就是一種永續（停頓一下）「商業模

式」的概念了。也就是：一種可以維持永續的商業模式。這裡的「永續」意味著什麼呢？

請看學習單上的方框二。想一下這個可以維持永續商業模式的概念。這對你來說意味著什麼？這和你在方框一中寫下的內容完全不同嗎？

永續「商業模式」的最簡單定義，就是可以長期維持下去的商業模式。

事實上，我們在談的就是競爭優勢。學者一直以來都把永續商業模式的概念，拿來強調一家公司要如何維持勝過競爭對手的長期優勢。

這個商機具有一個吸引人的永續商業模式；你有可能打造出競爭優勢，並捍衛它。

——薩爾曼（Sahlman），1997

因此，如果要設計出在競爭力上能維持永續的商業模式，策略分析是必要的一步。

——提斯（Teece），2010

你在方框二中寫的是以策略或時間為主的競爭模式？無論是哪一個，你看得出來為什麼上述兩位學者是以這兩種方式來解讀的嗎？

「永續商業」模式

接下來的觀點稍微有點不同：「永續商業」（停頓一下）模式。這似乎強調的是不同的地方 —— 具有永續商業的模式。這意味著什麼呢？

請看學習單的方框三。想一下永續商業的模式這個概念。這對你來說意味著什麼？在方框三中寫下你自己的定義。

現在看起來像是在談一個永續商業的某種地圖、圖像或一連串指示。而我們甚至還沒對「永續商業」究竟是什麼達成共識呢！

永續商業模式是為了達成永續性的路徑圖，處理的是商業永續性層面的議題和動態關係。

—— 艾哈邁德（Ahmed）與蘇達拉姆（Sundaram），2007

你在方框三中有寫下任何與永續性有關的商業或組織要素嗎？你在這個脈絡下有清楚說明永續性代表什麼嗎？我們在談的可能還是存續性或持久性，但看起來似乎又是有點不同的東西 —— 某個與生態影響或社會利益有關的東西。

有些學者和顧問嘗試要用「永續性商業」，而不是「永續商業」，來澄清其中的差別。請閱讀「離題一下」單元的「永續性商業」（Sustainability Business），深入了解這個差別。

你也看得出來，「永續商業模式」這個字詞其實是某個更複雜概念的簡略表達方式。讓我們來試著理出頭緒吧。

「永續商業」的「商業模式」

我們現在談的是「永續商業」（停頓一下）的「商業模式」。

請在學習單的方框四中，寫下這個詞組對你來說意味著什麼。

公司層級的永續性，以及將組織包含在內的系統之永續性。

—— 史塔布斯（Stubbs）與考克林（Cocklin），2008

我們似乎已經在此解決了大半的議題。這個概念納入了組織商業模式的生態層面。我們甚至可以偷渡一個想法，即是「永續性」也與商業模式運作時所處的產業社群、社會脈絡或生物圈這個範圍更廣的環境有關。不過，我們現在已經失去這個長期存續性的要素了。

永續的「永續商業」的「商業模式」

這個概念就是我們自始至終真正想談的嗎？這個（嚇人的）詞組應該像這樣解讀：永續（停頓一下）的「永續商業」（停頓一下）的「商業模式」。它形容的是一個商業模式，專為永續事業所打造，而此商業模式具有永續性。請在學習單上的方框五中，寫下這個詞組對你來說代表什麼。

我們是怎麼一路來到這個結論的？我們想讓「永續性」

要素同時可以指商業的本質，也可以指商業模式在歷經千辛萬苦後應能存續下去的概念。

或許你認爲最後這個存續性的要素是否眞的有其必要，我們認爲確實有其必要：因爲我們可以打造納入永續性卻顯然無競爭力的商業模式。許多公司都像這樣，它們通常由具備遠見的創業家所領導，並以特定的生態或社會公益爲目標。這類組織會迅速崛起，然後以失敗收場，因爲讓其事業得以運作的獨特資源，正是創業家的無償勞動！這種商業模式不太具有永續的特性。

這個概念和你最初所想的有什麼不同嗎？

可不可以請眞正的「永續商業模式」站出來露個臉呢？

永續商業模式指的是謀利動機與環境效益達成一致。永續商業模式……會助長「負責任的消費主義」，激勵員工採取敬業的態度，與顧客、企業和供應商維持長期關係，並督促公司專注在顧客的需求上。上述全部應該都能協助帶來永續的經濟成長。

——蘇格蘭工商委員會（Scottish Enterprise）

有前述各式各樣的版本和解釋，我們到底該怎麼辦？

談到永續商業模式時，我們指的是本身就與環境議題有關，但同時也具有長期競爭存續能力的商業模式。

永續商業模式會讓組織的長期存續能力，與組織所身處的生態系統達成一致。記住，商業模式是組織用來利用機會

的設計。換句話說，我們還是在談要如何打造事業的藍圖，只不過現在是用更廣的角度思考這個事業將會帶來的影響。

　　永續商業模式是一種組織設計，以利用某個機會，並讓組織的存續能力與組織所處的環境系統或社會體系達成一致。採用這種方法的其中一例，可見於TOMS公司，這家公司以「買一雙，捐一雙」的計畫而聞名。

　　TOMS公司的未來發展，是要確確實實創造這種買一捐一的全新商業模式，並將TOMS模式從鞋子擴展到其他產品上。

　　　　　　　　　　——布雷克‧麥考斯基（Blake Mycoskie）

　　如果想更了解TOMS公司的故事，並取得布雷克‧麥考斯基為何創辦這家公司的影片連結，請看一下本書網站「離題一下」單元的「布雷克‧麥考斯基與TOMS公司」（Blake Mycoskie and TOMS shoes）。

　　最終，真正的永續商業模式會需要隨時間而改變，因為大家對於永續的概念也會不斷變動。

　　如果要思考永續性，特別是在商業模式創新的脈絡下，一個很不錯的工具是商業模式創新圖（business model innovation grid），它是由劍橋大學產業永續中心（Centre for Industrial Sustainability）的研究人員所打造，並受到Plan C的支持。Plan C是以比利時法蘭德斯為根據地，推廣以永續方式使用材料的網絡系統。

這張創新圖指出，永續性創新橫跨三個影響力甚鉅的領域：技術、社會、組織。比方說，在技術改良最佳化的方面，可能涉及將產品或其包裝去物質化（dematerialise）。聚焦在功能而非所有權的社會層面改善，則可以讓顧客付費來使用產品，再將用過的產品還給製造商，回收再利用，而不是自行丟棄（大概就會丟到垃圾掩埋場）。強調社會企業精神的組織層面改善，則可能是探索如何將製造與其他活動本地化，而不是採行中央集權的營運方式。

衡量永續商業模式

針對永續商業模式的一個主要分歧點，就是判斷商業模式是否具有永續性的適當衡量標準。

我們所面臨的挑戰，在於可以從至少三個面向來檢視商業模式是否具有永續性：意圖（intent）、過程（process）、結果（outcome）。我們的討論無關是否針對環境衝擊、碳足跡和全球氣候變遷取得共識，或者是否同意（某種程度上的）經濟成長最終仍有好處。你評估某個商業模式究竟是否具有永續性，很可能會受到你採用的觀點所影響。圖15.1顯示了這三個可能的面向。這是一個很好的機會，讓你可以思考自己是如何衡量商業模式中的永續性，以及自己以前是否將「永續性」當作商業模式中的一個目標。

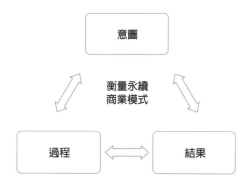

意圖

衡量永續
商業模式

過程　　　　　結果

圖15.1：永續商業模式面向

學習單 15.2

衡量永續性

請下載本學習單，仔細思考你可以如何衡量自己的
商業模式中的永續性。請盡你所能填滿第一列；如
果你在任何格子中輸入「不適用」或「目前沒有」
也沒關係。

想想看美國的沃爾瑪超市（在英國則是以「阿斯達」為
名經營）。2015年，沃爾瑪宣布，該公司自2010年起已經減
少了自家全球供應鏈中的2820萬公噸碳排放量。這個數字看
起來確實是令人佩服的環保成果。從那之後，沃爾瑪一直都

有公布其他與環保有關的成果。

　　這樣就能稱沃爾瑪的商業模式是永續的嗎？該公司無疑愈趨成熟：沃爾瑪在全球各地都持續呈現成長的趨勢。但它擁有的是環境永續的商業模式嗎？儘管目前仍沒有定論，但有些觀察家已經得出合理的結論，認為沃爾瑪對全球生態的整體影響屬於淨負值：「沃爾瑪納入其商業模式中的永續性衡量標準，未能抵銷商業模式整體對環境造成的傷害。」

　　沃爾瑪的意圖是什麼？該公司在過去二十年間致力於各種正面的環保成果，也獲得了各種不同程度的成功結果。那過程呢？該公司採取的其中一個關鍵措施是減少碳排放量，這是為了鼓勵供應商找到方法，減少他們的碳排放量，而這些排放量占了沃爾瑪總碳足跡的九成。這些公司減少他們的碳排放量會有什麼差別？如果他們的活動造成其他（預料之外）的負面生態效應，會不會降低我們對沃爾瑪商業模式永續性的評價？

　　問題在於，我們很容易就能想像出各種情境，其中某個面向會指出商業模式具有永續性，而另一個面向則會讓人認為這個商業模式並非永續。假如某家公司打算朝永續發展，卻在無意間採取了會造成傷害的行動呢？假如某個組織完全沒有朝永續發展的意圖，卻在無意間帶來了全面的生態效益呢？

　　表15.1比較了上述三個面向，並提出經理人應考量的一些理論與實務議題。

　　再來看看另一個例子：奧蘭國際公司（Olam International）。

表 15.1：永續商業模式面向

面向	意圖	過程	結果
參考架構	目標	行為	效果
「衡量」的標準	組織是否針對質與量，表明將朝永續事業發展。	組織在處理權衡時可觀察到的選擇與活動。	實際達成的一定數量成果。
永續性理論	長期永續性必須是受組織的目標設定所驅策，而這個設定則連接起組織的存續能力與生態系統或社會體系。	當組織做出實際決定，解決了對生態系統或社會體系有益所需付出的代價，便達成永續性的目標。	當組織帶來了更有益於生態系統或社會體系的成果時，便達成永續性的目標。
優點	易於觀察與評估。	實踐恰當的話，將會納入可測試及可複製的決策具體標準當中。	為評估方式，以及與其他組織和情境的比較，提供量化根據。
缺點	永續性意圖的最低標準門檻不明確；針對行動或結果沒有一定要求；令人困惑的手段與目的；「漂綠」。	難以制定規範，可能會要求組織違反自身利益，或屈居於較不「永續」競爭對手之下；估量選擇或活動時有其限制；活動的相對重要性與可見的影響。	挑選出來的衡量標準可能不是一看就懂；選定的時間架構可能不是一看就懂；結果究竟應該以相對或絕對的標準來評估；微幅的改善可能會被用來隱瞞較大的問題或損害。

奧蘭國際是頂尖的農業企業，在70個國家中經營從栽種到販售的完整事業，為全球逾2萬3000名顧客供應食物與工業原料。雖然總公司位於新加坡，但旗下逾7萬名員工散布在全球各地管理多項事業，包括可可、咖啡、腰果、稻米和棉花。

奧蘭國際的核心事業是大型農園和貿易買賣，而公司也確保從農場到工廠都採行永續的經營方式。其創新之舉主要是農耕方面的灌溉用水量（減少），比方說，提高洋蔥固體含量的5%來減少用水。這種作法隱含了多項好處，像是減少農耕灌溉用水量（省下逾70億公升）、脫水、運輸成本（省下800萬公升的柴油）。更重要的是，栽種所需的土地少了800公頃以上。

永續性已經成為奧蘭國際經營管理時如此不可或缺的一部分，以至於該公司發起「全球農企業聯盟」（Global Agribusiness Alliance），為聯合國的永續發展部（United Nations' Division of Sustainable Development）提供支援。支援行動包括了聯合國永續發展部的多個目標：終結貧窮（目標一）、確保可取得水資源（目標六）、推廣永續消費和永續生產（目標十二）、對抗氣候變遷（目標十三）、以永續方式管理森林（目標十五）、振興永續發展的合作關係（目標十七）。這些活動都指出，奧蘭國際公司已經認定，生態永續性很有可能已經是它的商業活動永續性不可或缺的一部分了。

創業家也許會發展出打算以永續性為目標的商業模式。極常見的情況是，創業家都有某個潛在動機，想完成與利潤最大化不同的目標。比方說，馬修・高登（Matthew Golden）

想大規模減少浪費的能源消耗，為全球生態盡一份心力，並降低消費者的能源成本。

在商業模式思維中，你的意圖就是一種組織資源。這裡的意圖可能是指願景宣言、某個目標，或是為了要清楚傳達出創業家內心想法所做的努力。

「意圖」面向的其中一個挑戰，是要找出最低標準的門檻。多數永續性創業家內心都對自己的目標有一定的預期。畢竟，如果他們只是想要漸進式的影響，只需要改變自己的行為就好了。高登大可完成自家的能源審計，再翻新住家，就能達到節約能源的效果了。不過，可以把商業模式視為「永續」的適當最低標準門檻是什麼呢？

永續商業模式的意圖應該區分清楚其手段與目的（means and ends）。許多商業模式往往包含了這個部分，卻沒有明確指出，為什麼呢？有時，手段與目的很難清晰表明；有時，創業家還沒有徹底檢視過自己的意圖。這件事很值得探索，因為意圖也會推動永續商業模式展開過程的這一部分。

亞當‧普維斯（Adam Purvis）在創辦「青年力」（Power of Youth）時，鼓勵成功的創業家無償分享自己的成功經驗，無疑就已經看出「青年力」本身也許無法為環境或社會帶來影響。畢竟，「青年力」會利用到生態資源，卻無法直接為弱勢族群帶來好處。「青年力」完全是以手段為主的永續商業模式，意圖則是要讓永續性的典範普及到各式各樣的組織中。

最終，問題會出在許多組織都知道要幫自己的永續性意圖說好話。如果是上市公司，你通常可以在企業社會責任聲

明中發現這類好話。企業所聲明的永續性，如果看起來並不符合其行動或結果，就稱爲「漂綠」（greenwashing，或稱假環保）。

也許過程才是比較適合當作標準的永續商業模式面向。過程指的是組織眞正採取的行動。當永續性的結果需要付出利潤的代價時，組織是如何採取行動的？你應該一眼就能看出，這一點與商業模式架構中的活動和交易有密切關聯。

想一想高登的企業後彎公司（Recurve）。要開發能源審計軟體需要創投基金；經營事業則需要辦公室，而辦公室會用到辦公用品。後彎公司期望能爲美國的居家能源使用帶來顯著的長期影響，最終目標則是放眼全球。這是否代表公司在經營事業時，實務上全都要採用永續的方法呢？現實是，許多永續作法（像是來源可靠的辦公用品）都比替代選項要來得花錢。

一個關鍵的挑戰在於設定界限。利用或強制實行永續活動時，組織如何設定最後的底線？組織是否應該要求合作夥伴和供應商也遵守類似的規範或規定？後彎公司投注了大量心力，才能在商業模式中充分利用永續過程。該公司從表明採行永續方法的組織，取得了辦公用品和設備，也建立了員工支援方案，鼓勵低碳的通勤活動。

這些界限可以延伸到哪裡？後彎公司是否應該監督合作夥伴和員工，擴大其永續性目標所涉及的範圍？假如有一些供應商沒有強制規定他們的合作夥伴和供應商要執行類似的要求呢？像這類的監督和強制執行可能既花錢又耗時。

所有的活動是否都應該平等地評估？爲了讓過程能與永續的意圖保持一致，你需要多深入商業模式的活動？許多像是辦公室清潔之類的組織活動，看起來相當微不足道，組織中的每個活動都必須以永續性的角度來分析嗎？

　　這個挑戰的困難程度與意圖的手段／目的層面密不可分。想更清楚了解這一點的話，就來看看美國超級投資人巴菲特（Warren Buffett）的例子。巴菲特是公認史上最成功的商業投資人與經理人之一。他承諾會將99%的財產捐給慈善機構。雖然他本人對於醫療保健、稅務、財富不均等議題，採取了較傾向自由主義的立場，不過他的公司波克夏海瑟威（Berkshire Hathaway）購買並經營事業，以便創造利潤，並讓利潤最大化。乍看之下，我們無法清楚得知，巴菲特和他的公司在考慮投資時，是否將永續性議題納入考量。

　　比較好的作法究竟是（A）經營完全不帶有永續性色彩的事業，再把長期賺來的利潤捐給以永續性爲目標的組織，還是（B）經營帶有濃厚永續性色彩的事業，可爲永續性帶來短期的好處？這個問題沒有絕對的答案，不過，爲了你自己的永續商業模式，仍值得你好好深思。

　　在有明示組織優先事項的公司當中，我們最喜歡的兩個例子是後彎公司和回傳路徑公司。它們都需要對營利組織來說必要的創投資金，但也都有清楚明確的優先事項，無可避免會和利潤最大化的目的相抵觸。回傳路徑公司擁有把員工擺第一的使命與文化；後彎公司則決心要採行環保的流程，儘管這種作法的成本較高。兩家公司最後都找到了對這兩種

願景買帳的創投公司。那些投資人都願意測試他們的想法，看看這些優先事項是不是能提高投資報酬率。

最後，還有結果的面向。這是多數永續商業模式的起始點，可能是某個創業家想要改善生態的現況（或至少降低目前的傷害），或對社會帶來正面影響。結果面向能針對是否帶來永續的影響，提供最具決定性的考驗，但無法處理到每一個議題。

舉例來說，永續結果是絕對還是相對的結果？沃爾瑪的例子幾乎肯定是相對的，因為從能源效率和生態影響方面所獲得的好處，都是與沃爾瑪造成之影響的比較結果，而不是出於以永續性為目標的行動。如果我們把總能源、資源使用和廢棄物生產納入考量，似乎就很難主張沃爾瑪對全球生態的絕對淨影響是正值了。沃爾瑪是否應該因為有所改善而受到讚賞？還是只有在淨影響是正值的時候才能受到讚揚？我們該如何把社會影響也納入考量？

對此，我們無法提供完整的評估結果，但針對上述兩種看法，可以提出幾個具體重點。首先，沃爾瑪（由於旗下事業的山姆會員商店〔Sam's Club〕）被視為是身障人士的首選雇主。另一方面，該公司則被控歧視。第二，研究顯示，沃爾瑪的旗下商店不利於當地零售商、當地工作機會和當地成長。另一方面，也許這代表了資金運用得較有效率，而且消費者也能以較低的價格，買到更多他們想要的東西。這也可能代表了利潤從當地區域外流，進到了企業集團的口袋裡，導致貧富差距擴大。

如你所見，就算只是想評估相對與絕對的影響之間有何差異，評估商業模式永續性結果，依然是一個嚴峻的挑戰。

其中最大的問題，就是如何挑出衡量結果的標準。以生態的角度出發，可能會著重在廢棄物生產或能源使用。以社會的角度出發，可能著重的是有無收入或收入是否平等，或是像受教育的機會等等的衡量標準。挑選衡量標準，與過程面向的優先事項具有密切關聯。你無法衡量所有的一切，因此挑選出來的衡量標準，大概多少都會降低另一個標準的重要性。

終極永續商業模式會納入時間要素

自身的直覺告訴我們，了解永續商業模式的真正關鍵，與時間尺度（timescale）有關。你強調的是短程影響還是長期效應？你的時間單位是以月計、年計，還是以幾十年為單位？

來看一下種子基金會（The SEED Foundation）的例子。種子基金會由拉吉·維納寇達（Rajiv Vinnakota）和艾瑞克·亞德勒（Eric Adler）於1997年成立，目的是要處理美國一些較貧困城市的受教育問題。基金會的目標是要為十一歲左右起的中學生，提供高品質教育，否則他們很有可能無法讀完高中。而基金會設定的時間維度不只是一年，或甚至五年；十年目標的計畫是要協助這些學生完成高中與大學的學業。

但種子基金會還懷有更長遠的目標：振興這些地區，而方法便是藉由打造高品質的實體建設、提供當地工作機會，最終讓大學畢業生回到這些社區。

時間維度夠長的時候，就有可能考慮到商業模式更為全面而廣泛的影響。

欲更深入了解永續商業模式的衡量標準，現在就是個好時機。如果你已經開始動手做學習單15.2的話，重開檔案或找到列印的紙本，試著填寫衡量標準要素的相關資訊。如果你沒有辦法明確回答出來，或覺得資訊不足也沒關係。光是有針對這個部分仔細思考，就代表你已經比絕大多數的創業家和經理人更往前邁進一步了！

在這個階段，你所能做到最好的事情之一，就是把你認為會讓商業模式永續的初步想法，分享給你認識的最聰明的人。他們可能是產業專家、生意上的同行或家族成員。記住，針對大規模永續性問題的絕對答案，即使有，也僅是少數。與你信任的人聊一聊，應該能帶來一些問題與想法，協助你思考自己的商業模式，或指出創新的新商業模式。

針對永續性和商業模式的研究才剛起步。我們已經研究了全球各地數十個以上的早期階段科技公司，其中也包含了他們商業模式中的永續層面在內。在這些公司中，有的非常成功，有的則失敗了。整體來說，我們並沒有找到證據，可指出永續性的要素是決定企業成功與否的關鍵因素。

我們認為，精明的創業家會找到辦法，讓永續商業模式看起來很吸引人又具有競爭力，再將其轉化成績效優勢。另

一方面，生態或社會的永續性本身就足以保證組織會成功，關於這方面的證據並不多。

我們給創業家和經理人的指導方針很簡單，看看你的四周，看看你自己的組織、所屬的社區、產業和國家。你的所作所為有讓上述任何一個隨著時間過去而變得更美好嗎？當你把它們交付給下一個世代時，將要留給他們的是更多待解決的問題，還是更多具有成長潛力的機會？下一個世代會因為你的商業模式，而變得更幸福健康嗎？還是由於受到社會損害和生態環境破壞的阻礙，必須更努力埋頭苦幹，成就卻更少呢？

現在，深呼吸，向後退，看看這顆星球。記住這三件事：

1. 地球是你唯一與其他每個人類真正共享的事物。
2. 不像你的組織、社區、產業和國家，你無法離開這顆星球。
3. 無論你做什麼，地球就是下一個世代唯一會獲得的星球。你將在身後留下什麼？

你的商業模式永續嗎？

重點回顧

- 「永續商業模式」是一個簡略表達方式,用來形容本身與生態議題有關,卻也具有長期競爭存續能力的商業模式。

- 永續性可以用意圖、過程或結果來衡量。

- 欲徹底了解商業模式的永續性,需要將時間與經濟的背景脈絡納入考量。

- 目前,沒有眾所公認的指南或特徵,可以明確辨識出永續的商業模式。

回歸商業模式基礎

我們在設計、打造及調整商業模式的這段旅程上，取得了很大的進展。

本章將會：

▷ 總結並整合這趟旅程的內容。

▷ 針對營利事業以外的商業模式，提出幾點來探討。

▷ 以最後幾個祕訣為本書收尾。

商業模式為何重要

優異的商業模式與資源、交易、價值創造緊密相連。各式各樣的其他經營理念和架構，都有助於發展優異的商業模式。本書的學習單和活動都一步步引導著你，創造並評估數不清的商業模式。你現在已經擁有能為自家組織設計、打造及調整商業模式的一切工具了。

好消息是，商業模式是組織能否存續下去的唯一最佳指標。花點時間爲你目前或新的商業模式建立要素，並把各個要素連結起來，這個舉動不只有用，還能爲你補充資訊，讓你在通往事業成長與成功的路上，又向前邁進一步。

壞消息是，我們永遠沒辦法預測出，爲何有些商業模式得以成功，其他則會失敗。以次級資料進行的桌上研究，只能協助你分析到某種程度，而有些商業模式則必須在市場中實際測試才行。如果你要進行流程測試，有各式各樣的選擇，從想像實驗到執行前導測試都可以。如果你是實踐商業模式創新，打算促使促使全新的商業模式誕生，這些測試甚至更形重要。

光有好點子並不夠

優異的點子或創新，並不等同於優異的商業模式。商業模式處理的是一個點子如何在市場的脈絡下運作。組織必須有某些要素，才能產生並散布這樣的點子，而有些交易方面的要素則負責獲取價值。創業家最常犯的一個錯誤，就是深信如果點子夠好、夠重要，或正好是「該做的事」，商業模式大概就會隨之而產生了。

好的策略可以有效讓組織處於比產業中其他競爭對手更有利的地位。有本事的人則能確保組織有效運作，並充分利用關鍵資源。爲使用者和顧客創造價值，將會帶來短期與長

期收益的機會。不過，除非上述要素都能在一個條理分明的商業模式中彼此互相配合，否則組織大概就無法存續下去了。

　　本書一開始舉了薩爾‧可汗表示可汗學院成立當初並沒有商業模式爲例。事實上，可汗學院還是有商業模式的，它的重點就放在人人都能享有教育的這個概念上。所有人也許都同意從社會公益或正義的角度來看，人人都能享有教育是個好主意。但光有好主意並不夠。可汗學院的商業模式並不完整：它只有策略、優秀人才、價值創造。可汗學院無疑是爲了某個目標在努力，也有了成果。但同時，尚未有證據顯示，可汗學院的商業模式可以維持不墜。

　　賽巴斯汀‧梭魯恩（Sebastian Thrun）指出，就連像可汗學院這樣備受讚賞的企業，終究需要長期維持下去的商業模式。想像以免費上課內容和免費發布方式爲基礎，把全球的教育體系重新打造一番，這是相當吸引人的想法。然而，實際上，如今的可汗學院是個每年都得依靠募款才能支付成本的慈善事業。

商業模式不需要表現「友善」

　　我們和許多其他學者、從業人員一樣，認爲創業是現代最重要的一個社會現象。我們也相信，儘管有明顯是「壞蛋」出現的情形以及創業活動的黑暗面，創業擁有近乎無窮無盡的改善世界的潛力。

另一方面，並沒有所謂的結構性機制，要求企業始終都要全心全意爲更美好的世界貢獻一份心力。國家與國際的法律體制，提供的只是一個受限的系統，以禁止商業組織帶來傷害。就目前來看，這個負擔主要是落在個體與社區身上。

　　商業模式不需要表現友善。

　　商業模式是在更大的經濟脈絡之下運作。成功的商業模式可能會創造經濟價值，同時卻帶來傷害。

　　想想看職業賽車的世界（例如一級方程式賽車、NASCAR）就知道了。賽車以錯綜複雜的方式，將形形色色的組織、使用者和顧客混雜在一起。汽車公司之所以參與其中，有各種原因，包括了研究與開發、炫耀自家品牌、競爭力的必要性、塑造良好形象和帶來廣告效益的機會。汽車業和其他產業的贊助商則能利用高曝光率的賽事，達到打廣告的目的。而車手最起碼會擁有獨特的職涯經歷。顧客呢？爲什麼大家要看賽車？有些人純粹享受著賽事本身，其他人則是從事的工作與賽車產業和科技有關，不過也有人是爲了怵目驚心的撞車事故而看比賽。某些聯盟可能會出現作弊的情形，從這些作弊衍生出來的戲劇性事件，可能會也可能不會讓觀眾受到這項運動所吸引。

　　……你或多或少能理解，爲什麼有些人會眞的去以身試法。這不會讓他們所做的事變成正確的，也不代表被抓包時，他們不會受到嚴屬的懲罰。這個問題事關風險與報酬，而我猜，對那些傢伙來說，他們之所以決定這麼做，是因爲

那就足夠了⋯⋯我很討厭看到運動該關注的焦點變成這樣，但我會說，戲劇性事件總是勝過單純的刺激感，似乎就是會吸引更多人的目光⋯⋯賽車的商業模式確實不怎麼光采。

——傑夫・戈登（Jeff Gordon）

臉書（Facebook）、谷歌和其他平台都因為採取了與打廣告有關的各種手段和政策，而遭到詳細檢視，也飽受批評。這些組織是否有義務為呈現在使用者面前的內容負責，尤其是當這些使用者還是免費使用服務的時候？就目前而言，這是涉及道德和社會責任的問題，但對這些組織的商業模式來說，不會有任何直接或明顯的商業影響。

我感到挫折的是，很多人似乎愈來愈常認為廣告商業模式，就等同於在某種程度上與顧客脫節。我認為這是最可笑的想法。

——馬克・祖克柏（Mark Zuckerberg），臉書執行長

畢竟，如果使用者得知，他們所得到的淨負值是由於打廣告的關係，就不會使用該項服務了。但你也得記住，像臉書和谷歌公司這種平台的顧客，實際上是那些廣告業主，而不是為了社群媒體或搜尋功能而使用平台的消費者。使用者是使用服務，顧客則會為服務掏錢。谷歌和臉書服務的大多數顧客，都是廣告業主！而有些廣告業主已經開始利用這種影響力了。

類似的故事也能套用在傳播媒體產業上。多數傳播媒體都非常仰賴做爲收益來源的廣告，才能抵銷製作或購買內容的成本（像是節目）。就像知名製作人喬斯·溫登（Joss Whedon）曾指出，這是一個商業模式的例子，並包含了目的和結構。就某種程度來說，內容本身無關緊要，因爲各種不同類型的內容會以各種不同的收看觀眾爲目標，所以商業模式還是可以運作自如。溫登也提到，我們無法針對這一點做出道德方面的指控，媒體網絡公司只是採用這種模式來賺錢，因爲它們到頭來還是商業組織。

　　我們無可否認，確實還是有無廣告內容的商業模式，也有新進業者（例如亞馬遜、蘋果）正在測試各種商業模式。不過，最終還是要有一種可以創造和獲取價值，並能長期維持下去的商業模式。

　　類似的緊繃氛圍在新聞業和出版業也能看到。隨著網路改變了資訊的蒐集、評估和散布方式，許多報社都因此歇業了。商業模式沒有所謂的「公不公平」，尤其是對那些正遭逢巨變的產業來說。我們也許會公開譴責獨立媒體機構將面臨的挑戰（例如《衛報》〔The Guardian〕），或經營者換人的問題（例如《獨立報》〔The Independent〕）。我們也許會擔心，助長捏造愈來愈多假新聞的商業模式都大獲成功；我們也許會想知道，爲了確保廣告業主會意識到自己支持的是有問題或虛假的內容，一般民眾所付出的努力究竟有多少效果。

　　發行量持續下滑的報社想怎麼抱怨讀者，甚至說他們沒

品味，都沒關係。但時間一久，報社還是會關門大吉。報社不是公益事業，它擁有的是要麼能運作要麼不能運作的商業模式。

——馬克・安德森

到頭來，這些就是商業模式如何運作，或為何會成功以外，所要處理的問題。道德和社會責任行為方面的問題，無法完全放在商業模式架構下處理。商業模式是在涵蓋層面更廣的現實之中運作，也反映著這個包含了主流道德和法律體系的現實。成功的商業模式，終究會反映出身為集體社會一部分的我們願意掏錢買什麼。

商業模式不只是關於商業

雖然本書主要談的都是營利事業，但任何組織都脫離不了商業模式。只要有組織，不論正式或非正式、合法或非法、要做好事或壞事、營利或非營利，都一定有商業模式。相同的工具和架構也都適用；而通常，最關鍵的差異會是對於「價值」的定義。

事實上，非傳統組織採用商業模式架構（RTV、精實畫布、商業模式圖）所能得到的最有用成果之一，就是必須釐清關鍵要素，像是價值創造、顧客需求、關鍵資源。

你可能會發現自己以商業模式的思維，評估著各式各樣

的非商業組織：教育機構、政府機關、非營利基金會、非政府組織、社區團體、線上論壇。聯合國的商業模式是什麼？國際足總（FIFA）呢？軍情六處（MI6）呢？女童軍會呢？上述每個實體分別創造了什麼「價值」？顧客是誰，需求又是什麼？是哪些關鍵資源讓上述每個實體有辦法創造並獲取價值？

回歸商業模式基礎：
該牢記在心的本書重點

　　總而言之，我們的商業模式探索之旅涵蓋了四大主題：商業模式是什麼（以及不是什麼）、構成商業模式的要素、進行商業模式分析時的有用工具、評估與改變商業模式的週期，並放眼永續性。

　　終究來說，商業模式是以地圖或故事呈現的設計。它描述著一套組織要素，以及這些要素如何相輔相成。這些要素集中圍繞在資源、交易和價值創造上。當這些要素達成協調一致、彼此相互配合，便能產生前後一致且說服力十足的敘事，而商業模式就有可能持續不墜。我們可以利用各種商業模式圖和架構，來描述、探索、評估及改變商業模式。最終，我們都很清楚商業模式必須在真實世界中進行測試，而沒有任何商業模式保證一定會成功！

我們在組織變革的各種可能行動當中，加入了一種新的創新方式，也就是商業模式創新。我們可以更清楚地思考，商業模式可能具有永續性的方法和原因。身為創業家、經理人、受託人、股東、消費者的我們，可以選擇採用更為全面的方法，來創造納入了長期生態與社會利益的價值。

　　我們每天都和創業家一同合作，努力帶來改變。有些會成功，有些則會失敗。有些改變會聚焦在利潤最大化，有些改變則是致力要改善世界。有些人會採用經過驗證的舊有商業模式，打造永續又可靠的組織；有些人會創造出全新的商業模式，讓公司、產業，甚至社會有所改變。

　　商業模式藉由本身複雜又一團亂的特性，為探索機會提供了一個具有洞見的強大工具。

　　你的商業模式之旅會帶你前往何方呢？

　　公司企業和創業家只不過是利用其核心實力和知識，便能致力於打造一個新興的商業模式，讓他們能夠在社會中創造與展現真正永續的社會影響力。

——穆罕默德・尤努斯（Muhammad Yunus）

重點回顧

- 商業模式是將資源、交易、價值創造結合在一起的設計。

- 商業模式分析是判斷組織是否可長期維持下去的唯一最佳指標。

- 商業模式必須進行測試：我們永遠無法預測出為何有些商業模式會成功，其他的則會失敗。

- 商業模式創新是具有高風險、高報酬的過程。

- 成功的商業模式反映出涵蓋範圍更廣的社經脈絡下的規範和價值：商業模式不需要表現友善。

參考資料

截至2017年9月，在谷歌學術搜尋引擎中搜尋「商業模式」，將得到近60萬筆結果。顯然不可能有參考清單，能完整涵蓋所有商業模式在學術與實務方面的文獻資料。我們整理出下列清單，是出於一個具體目標：爲了讓感興趣的讀者，能夠輕鬆入門學習更多關於商業模式的知識。我們將這份清單分成「學術」與「實務」兩個部分，純粹是出於方便，分類的根據則是我們憑著自己的感覺，判斷某個刊物究竟是更符合學者專家或從業人員的口味。這是我們以主觀方式爲關鍵刊物進行的分類，藉此可以協助讀者展開更全面的研究。細心的從業人員將會受惠於多份學術論文，而以行動導向的學者則能藉由閱讀對經營實務有直接影響的刊物，從中受益。希望讀者能容許我們也在這個主題中放入了自己投稿的文章。

● 學術

Bock, A. J., Opsahl, T., George, G., & Gann, D. M. (2012). The effects of culture and structure on strategic flexibility during business model innovation. Journal of Management Studies, 49(2), 279–305.

Chesbrough, H., & Rosenbloom, R. S. (2002). The role of the business model in capturing value from innovation: evidence from Xerox Corporation's technology spin-off companies. *Industrial and corporate change*, 11(3), 529–555.

Chesbrough, H. (2010). Business model innovation: opportunities and barriers. Long range planning, 43(2), 354–363.

DaSilva, C. M., & Trkman, P. (2014). Business model: what it is and what it is not. Long range planning, 47(6), 379–389.

Desyllas, P., Salter, A., & Oliver, A. (2017). When Does Business Model Reconfiguration Create Value?. Strategic Management Journal. George, G., & Bock, A. J. (2011). The business model in practice and its implications for entrepreneurship research. Entrepreneurship theory and practice, 35(1), 83–111.

Foss, N. J., & Saebi, T. (2017). Fifteen years of research on business model innovation: How far have we come, and where should we go?. Journal of Management, 43(1), 200–227.

Morris, M., Schindehutte, M., & Allen, J. (2005). The entrepreneur's business model: toward a unified perspective. Journal of business research, 58(6), 726–735.

Stubbs, W., & Cocklin, C. (2008). Conceptualizing a "sustainability business model". Organization & Environment, 21(2), 103–127.

Zott, C., & Amit, R. (2007). Business model design and the performance of entrepreneurial firms. Organization science, 18(2), 181–199.

Zott, C., & Amit, R. (2008). The fit between product market strategy and business model: implications for firm performance. Strategic management journal, 29(1), 1–26.

Zott, C., & Amit, R. (2010). Business model design: an activity system perspective. Long range planning, 43(2), 216–226.

● 實務

Amit, R., & Zott, C. (2012). Creating value through business model innovation. MIT Sloan Management Review, 53(3), 41.

Bock, A. J., & George, G. (2014). Agile business model innovation. *Eu-*

ropean Business Review, 8.

Casadesus-Masanell, R., & Ricart, J. E. (2011). How to design a winning business model. *Harvard business review*, 89(1/2), 100–107.

Chesbrough, H. (2007). Business model innovation: it's not just about technology anymore. Strategy & leadership, 35(6), 12–17.

Christensen, C. M., Bartman, T., & Van Bever, D. (2016). The hard truth about business model innovation. MIT Sloan Management Review, 58(1), 31.

Fernández, E., Montes, J. M., & Vázquez, C. J. (2000). Typology and strategic analysis of intangible resources: A resource-based approach. Technovation, 20(2), 81–92.

George, G., & Bock, A. J. (2012). Models of opportunity: How entrepreneurs design firms to achieve the unexpected. Cambridge University Press.

Giesen, E., Berman, S. J., Bell, R., & Blitz, A. (2007). Three ways to successfully innovate your business model. Strategy & leadership, 35(6), 27–33.

Johnson, M. W., Christensen, C. M., & Kagermann, H. (2008). Reinventing your business model. *Harvard business review*, 86(12), 57–68.

Magretta, J. (2002). Why business models matter.

Osterwalder, A., & Pigneur, Y. (2010). Business model generation: a handbook for visionaries, game changers, and challengers. John Wiley & Sons.

Weill, P., & Vitale, M. (2001). Place to space: Migrating to eBusiness Models. Harvard Business Press.

索引

商業模式設計書：你的最強營運思考工具

作　　　者──亞當‧J‧柏克（Adam J. Bock）＆傑拉德‧喬治（Gerard George）
譯　　　者──王婉卉　　　　　　發 行 人──蘇拾平
特約編輯──洪禎璐　　　　　　總 編 輯──蘇拾平
　　　　　　　　　　　　　　　編 輯 部──王曉瑩
　　　　　　　　　　　　　　　行 銷 部──陳詩婷、曾志傑、蔡佳妘、廖倚萱
　　　　　　　　　　　　　　　業 務 部──王綬晨、邱紹溢、劉文雅

出 版 社──本事出版
　　　　　　台北市松山區復興北路333號11樓之4
　　　　　　電話：(02) 2718-2001　傳眞：(02) 2718-1258
　　　　　　E-mail：andbooks@andbooks.com.tw
發　　　行──大雁文化事業股份有限公司
　　　　　　地址：台北市松山區復興北路333號11樓之4
　　　　　　電話：(02) 2718-2001
　　　　　　傳眞：(02) 2718-1258
　　　　　　E-mail：andbooks@andbooks.com.tw
美術設計──COPY
內頁排版──陳瑜安工作室
印　　　刷──上晴彩色印刷製版有限公司
2019 年 07 月初版
2023 年 10 月二版1刷
定價　550元

The Business Model Book：Design, build and adapt business ideas that thrive
© Pearson Education Limited 2017 (print and electronic)
This translation of The Business Model Book is published by arrangement with Pearson
Education Limited.
Complex Chinese language edition published in arrangement with Pearson Education Limited,
through The Artemis Agency.

國家圖書館出版品預行編目資料
商業模式設計書：你的最強營運思考工具
亞當‧J‧柏克（Adam J. Bock）＆傑拉德‧喬治（Gerard George）／著　王婉卉／譯
譯自：The Business Model Book：Design, build and adapt business ideas that thrive
──.二版.── 臺北市；本事出版：大雁文化發行，2023年10月
面　；　公分.─
ISBN 978-626-7074-60-2 (平裝)
1.CST:商業管理
494.1　　　　　　　112012035